“地球”系列

THE FLOOD

洪水

[英]约翰·威辛顿◎著

璐英流◎译

上海科学技术文献出版社
Shanghai Scientific and Technological Literature Press

图书在版编目（CIP）数据

洪水 /（英）约翰·威辛顿著；璐英流译．—上海：上海科学技术文献出版社，2022
（“地球”系列）
ISBN 978-7-5439-8472-1

Ⅰ．①洪…　Ⅱ．①约…②璐…　Ⅲ．①洪水—普及读物　Ⅳ．①P331.1-49

中国版本图书馆 CIP 数据核字（2021）第 223002 号

FLOOD

图字：09-2020-503

选题策划：张　树　　责任编辑：姜　曼
助理编辑：仲书怡　　封面设计：留白文化

洪　水
HONGSHUI
[英]约翰·威辛顿　著　　璐英流　译
出版发行：上海科学技术文献出版社
地　　址：上海市长乐路 746 号
邮政编码：200040
经　　销：全国新华书店
印　　刷：商务印书馆上海印刷有限公司
开　　本：890mm×1240mm　1/32
印　　张：5.875
字　　数：108 000
版　　次：2022 年 4 月第 1 版　2022 年 4 月第 1 次印刷
书　　号：ISBN 978-7-5439-8472-1
定　　价：58.00 元
http://www.sstlp.com

目录

前言

形成洪水的原因有很多——雨、冰雪融化、风暴、海啸、潮汐、水坝或堤坝的破坏以及战争行为。比起其他的自然灾害，洪水更频繁地威胁着人类。因此洪水在神话中具有举足轻重的地位也就不足为奇，因为它启发了众多的作家和艺术家。此外，一些人类最庞大且最巧妙的建筑物因急需，都曾被征用来抵御洪水的入侵。但是现在，人们担心洪水变得比以往任何时候都更凶猛，且人类正面临和水之间最艰难的斗争。

洪水几乎可以在任何地方发生，甚至在沙漠里

I. 神话

在西方传统故事中，亚当、夏娃因偷吃禁果被逐出了伊甸园。随后他们的一个儿子——该隐，竟然杀死了他的哥哥亚伯。在人类已经繁衍到第10代时，人类的邪恶已经充斥了整个地球，他们心里的每一个意念都是邪恶的。但有一个名叫挪亚的人行善事，维护正义。一天，挪亚建造了一艘长约550英尺（170米）的木方舟，在这艘船上，挪亚可以容纳他和家人以及“每种生物”的标本。为了惩罚邪恶之人，天上下起了大雨，一连持续了40个昼夜，泛滥的洪水毁掉了地上所有的东西。当大雨倾盆而下时，挪亚的方舟在水面上行进。后来，雨停了，洪水开始消退，方舟最终停靠在一座山上。挪亚放出一只鸽子，鸽子第一次回来，它发现没有一处可让它歇脚的地方。第二次它带着一片橄榄叶回来，挪亚通过橄榄叶判断水位在逐渐下降。第三次，鸽子没有再回来。最终，挪亚带着他的家人和动物离开方舟。

挪亚方舟是西方传统故事中最著名的一个，但它是一个故事，还是两个故事？引起洪水的原因是什么呢？我们

《挪亚方舟》，一个美国人的视角，1907 年

通常认为是 40 天的雨造成的。但是，根据一些书中的记载，还有其他的事情发生：深海的泉源破裂了。这难道意味着海平面突然发生灾难性的上升？还有令人困惑的是洪水持续了多长时间。故事的某一处写道挪亚在方舟上度过了 61 天。但其他部分的叙述又表明挪亚在方舟上度过整整一年。这些明显的分歧使得一些学者认为故事的内容不止一个来源，但是又没有很巧妙地把这些说法合并在一起。

后来 19 世纪出现了一个戏剧性的发现，该发现使人们对故事的起源产生更多深刻的疑问。1839 年，一位名叫奥斯汀 · 亨利 · 莱亚德的年轻英国律师开始发掘尼尼微古城。

多年后，他和他的同伴带回了数以千块的碎陶片，上面写满了奇奇怪怪的楔形文字。有人说大洪水其实是发生在一个叫作《吉尔伽美什史诗》的故事里。吉尔伽美什似

《洪水》，1866年，古斯塔夫·多雷绘制的插画

乎是一个真正存在的人，他在公元前2700年的时候，统治着美索不达米亚的乌鲁克城邦。从史诗中我们得知他想获得永生，于是他出发去寻找称为“远方的人”——乌塔那匹兹姆。他应该知道这个秘密。探索需要经过一段漫长而危险的旅程，吉尔伽美什穿越了被可怕的半人半龙的动物守卫的群山，要知道从未有过探险者冒险穿越。但这位国王战胜了所有的危险和障碍，直到最后他站在乌塔那匹兹姆面前向他询问永生的秘密。乌塔那匹兹姆回答说，他曾经也是一座名为舒鲁帕克古城的国王。古城位于幼发拉底河沿岸，那里人类繁衍过旺，整个世界嘈杂得像一头野牛在咆哮。噪声大得打扰了众神休息，风暴之神恩利尔抱怨道：“人类的喧嚣真是忍无可忍，根本没办法睡觉。”于是他们召开了一次会议，决定消灭人类，但作为智慧之神和人类创造者之一的伊阿，决定至少有一个人应该能活下来。于是在一个梦里，他叫乌塔那匹兹姆毁掉自己的房子，放弃所有的财产，并建造一艘能装下一切生物种子的船。他的家人帮助他建造一艘有7层甲板的船。造船工人也参与建造，7天后，船造好了。乌塔那匹兹姆带上了他的家人和金子，还有野兽、家畜及所有的工匠。

第二天拂晓，“一片乌云从地平线上飘来”，恩利尔“把白天变成了黑暗”。但是在大雨来临之前，“深渊之神出现了；奈尔迦尔*把水下的大坝拔了出来，战争之神尼

* 美索不达米亚人崇拜的主管瘟疫及战争的神灵。——译者注

记载了洪水的泥板*，《吉尔伽美什史诗》的有关部分，公元前7世纪

努尔塔推倒了堤坝”，暴风雨肆虐，“像战争的潮汐”一样倾泻在人们身上，就连神灵都被吓坏了，像被诅咒了一样的畏缩在墙边。六天六夜的时间里，“狂风呼啸，激流、暴风雨和洪水淹没了整个世界”，直到第七日的拂晓，风暴平息，海面才逐渐平静下来。

一周后，挪亚还在倾盆大雨里寸步难行时，乌塔那匹兹姆的船已经停在了一座山的顶上。在放出一只鸽子后，他用香柏木和番石榴作为祭品，而众神聚集在一起闻到了“甜蜜的味道”。甚至恩利尔都祝福乌塔那匹兹姆和他的妻子，然后乌塔那匹兹姆被神灵带走。然而，在

* 19世纪中叶，西方学者从尼尼微遗址发掘出12块较完整记述《吉尔伽美什史诗》的泥板。——译者注

这个扣人心弦的故事的结尾，乌塔那匹兹姆带给吉尔伽美什的是令他失望的消息。

两个故事之间的相似之处是惊人的——神决心去摧毁这个错误的世界，但同时神决心拯救一个正直的人以及他的家庭和每种动物，洪水，停靠在山上的船，鸽子发出的声音，牺牲。吉尔伽美什的故事是世界上最古老的故事之一，可能编撰于公元前3000年。《吉尔伽美什史诗》有很多版本。例如，在古代巴勒斯坦的古城米吉多，发现了记载史诗的一块碎片，因此可推测一些书的作者有可能已经熟知吉尔伽美什史诗了。英国考古学家伦纳德·伍利爵士认为挪亚的故事很明显源自吉尔伽美什的传说，但真正让他着迷的问题是，那次大洪水是真实事件还只是个传说。1929年，伍利在一位名叫劳伦斯的朋友的协助下完成了一些发掘工作，伍利也因此相信自己找到了谜题的答案，并把它发表在了也许是有史以来最受欢迎的关于考古学的书籍中。

伍利在古老的美索不达米亚城里挖掘出了一块2.5米的泥板。泥板并没有呈现任何人体遗骸，所以他认为这块泥板是在公元前3200年前的洪水中沉积下来的。是这场洪水引发了这个古老的故事吗？伍利认为这块泥板标志着当地文化的延续被中断，在此之前的文明是缺失的，而很可能就是被洪水淹没了。这也使他得出了结论：挪亚的故事的确来源于洪水。正如伍利他承认的那样，洪水在美索不达米亚很常见，但是他坚持认为这场洪水是当地历史上前所未有的大洪水。然而，他并没有声称这场洪水是乌塔那匹兹姆和挪亚故事里的世界大洪水，他只表明“这场洪水经过了底格里斯河和幼发拉底河的低谷流域，影响范围约640千米长、160千米宽。对于山谷里的居民来说，这场洪水是世界性的灾难”。然而，后来在该地区的挖掘中并没有发现这场洪水留下本该留有的类似程度的淤泥，看起来似乎伍利发现的洪水只在方圆数平方千米流过，这也意味着这场洪水和底格里斯河、幼发拉底河两条河里曾经发生过的其他场洪水一样平平无奇。如果有一场真正毁灭性的洪水是吉尔伽美什和挪亚的故事根源，显然伍利发现的洪水并不是。

将近70年后，1997年，来自美国哥伦比亚大学的两名海洋地理学家又发现了一个新的关于吉尔伽美什和挪亚的洪水起源。威廉·瑞安和沃尔特·皮特曼认为在大约公元前5000年时，确实存在一场大洪水，但是它并没有

博思普鲁斯海峡，伊斯坦布尔，约1890—1900年

发生在中东地区。根据他们探索的证据以及其他科学家的数据收集，他们表示在公元前6000年前，黑海是一个比我们现在看起来要小很多的内陆淡水湖，它位于比地中海低了近150米的地方，并且被一个天然的水坝限制着，而这个天然水坝就是我们现在俗称的博思普鲁斯海峡。随着大冰河时代在大约11 700年前即将结束之际，地球上的海洋一直不断无情地上升。在海平面上升的压力下，限制地中海的天然屏障最终开始消失。一开始，水流以溪流的形式漫过大坝，但随后水坝崩塌，数天后水流变得特别湍急，飞奔而下的落差力量是尼亚加拉河的200倍，树木被连根拔起，巨石被轻易地冲走。这股力量强大到足以在坚硬的大石上凿开一条水道。300天的时间里，直到水流再次逐渐放缓以后，一道汹涌直下的小瀑布形成了。但是海平面依然不断的上升，直到黑海的海平面变得和地中海的一样了。地理学家们从黑海的海床样本中得出一个理论，那就是黑海周围曾经的旱地都被海水淹没了，但是贝壳类化石的碳年代测定仍然表明大约7 500年前新的海产物种就已经出现了。此外，瑞安和皮特曼认为洪水来临时，黑海沿岸已经是农民和工匠的家园。这场洪水对那些非常不幸被卷入进来的人来说，的确是一场巨大的灾难。但对那些幸存下来的人来说，这场洪水不仅会造成他们心理上的创伤，同时他们还要去新大陆寻求避难，就像曾经有相似遭遇的美索不达米亚人一样。有趣的是，爱琴海的萨莫色雷斯岛上的古老的居民们，对于黑海地区的大洪水有他们自己的传说。其中一个说法是这样的：海平面的上升淹没了大部分的岛屿，幸存者也因而被迫退避到了大山的最高处。他们这个版本的传说也提及分隔黑海和地中海的大坝决堤，但是他们相信海水是流入地中海，而不是从地中海里流出来。

在现代，瑞安和皮特曼的假设却并不全部成立，俄国和乌克兰的科学家对其持怀疑态度。这些科学家将黑海的考古学、环境学和地质学的所有证据构建成了一个全面的系统。他们中的一些专家坚持认为并没有任何农民曾逃出洪水，并向世人讲述这个传说，因为这个地区的农业是在洪水发生后的 1 000 年的时候才发展起来，而且对微观海洋贝壳的检测表明黑海盆地经历了一系列较小的洪水而不是一场巨大的洪水。另一种假设提出黑海的确发生过一场洪水，但它发生的时间比瑞安—皮特曼理论所提出的时间要早 9 000 年，并且这场洪水是因为里海的水泛滥而导致的。其他科学家认为美索不达米亚在公元前 9000 年至公元前 8000 年之间经历了频繁的季风和海平面上升，这使得很多的居民逃离自己的家园，也可能因此诞生了西方传统故事里的洪水神话。

也许很难找到一个准确的答案来回答这个问题：挪亚的故事是否是由一场真正的洪水引发的？如果是真的洪水，又是哪一场洪水？但是我们知道，类似的大洪水神话可以在世界各地找到。例如古希腊神话中丢卡利翁的故事至少可以追溯到公元前 5 世纪。最著名的版本之一是古罗马诗人奥维德在他《变形记》中的复述。故事又开始于一个黄金时代，这时虽然没有法律强制人们，但每个人“守信用，做正直的事”。但之后一切都在走下坡路。银器时代不是很好，但至少比后来的青铜时代好，接着铁器时代来了，万恶爆发，谦虚、真理和信仰在尘世中消逝，取而代之的是诡计、阴谋、圈套、暴力和被诅咒的贪得无厌。传说在奥林匹斯山上的诸神之王朱庇特听说了这些情况，他希望这不是真的，便化身成人来到地球上，他发现实际上的情况比他听到的还要糟糕。随后他连摇三下头，又抖了抖他可怕的头发。他降下倾盆大雨，雨大得摧毁了地上的庄稼，他又命令海神尼普顿“敞开”所有的河流，同时清除所有阻碍河流前进的障碍。水势汹涌，漫过了摇曳的谷物、萌芽的小树林、房屋、羊和人，直到“陆地和海洋融为了一体。都是海，一望无际没有海岸的大海”，海豚在树林中穿梭，野猪、狼、狮子和老虎挣扎着漂浮在水面上。那些极少数试图逃到高山山顶上的人最终还是被饿死了。最后，只有帕纳苏斯山的山顶没有被洪水淹没，一艘载着弗提亚国王丢卡利翁和他的妻子皮拉的小船来到山顶。

丢卡利翁的父亲是普罗米修斯，他曾警告过丢卡利翁关于朱庇特的计划。一开始，普罗米修斯叫丢卡利翁造船，尽管丢卡利翁没有像挪亚和吉尔伽美什那样接受拯救动物的指令。现在当朱庇特看到这两个孤独且正义的存活者，“他拨开了乌云”，停止了风暴，同时，海神平静了海浪。山丘慢慢显露出来，接着是树枝，最后是

丢卡利翁和皮拉把石头从肩头向身后掷去来创造人类

树下的土地。丢卡利翁看到洪水只饶恕了他和他的妻子哭了，但是随后他们决定去询问能预知未来的女神忒弥斯，能够采取什么方法可以恢复人类种群。当女神叫皮拉走开，并指使她将母亲的遗骨“扔在她的身后”时，皮拉被吓坏了。女神忒弥斯怎么能这样亵渎她妈妈的遗骸呢？但是丢卡利翁澄清了女神忒弥斯这样做的原因：“我们伟大的母亲是地球，我认为女神说的骨头就是长在地球身体里的石头。”事实上，两人都不完全确定这是女神的意思，但他们自问道：“如果我们做了会有什么害处?”也确实，扔过丢卡利翁肩头的石头变成了男人，而扔过皮拉肩头的石头则形成了女人。之后，动物开始形成，其中一些是之前无人所知的。顺带提一句，许多博学的古希腊人，包括柏拉图，相信丢卡利翁经历的洪水只是一系列大洪水之一。他的传说与挪亚和吉尔伽美什的故事有很多相似的重要因素——洪水几乎吞噬了一切，只有一个善良的家庭幸存。一个可能在约公元前700年写成的印度洪水神话也遵循着相似的情节。

在这个故事中，摩努是一名渔夫，在他洗东西时，有条鱼游入他的手中。鱼向摩努允诺，如果摩努照顾他，他保证会有一天救摩努。“怎么回事?”摩努问道。它回答说即将有一场大洪水将毁灭世界。它还补充道，由于它经常有被大鱼吃掉的危险，摩努必须先把它放在一个罐子里。然后，当它长到罐子容不下时，摩努必须挖一口井，等它再长大到井容不下时，摩努要将它放回海里。很快它就成了最大的鱼。它告诉摩努洪水即要开始，命令他造一艘船。果然，水涨了起来，摩努上了船。这条鱼向他游过来，他把船的绳子系在它的角上，然后他把摩努拖到了一安全地带。摩努幸存了下来，但是没有其他生物还活着。所以，摩努“渴望”有后代，他献上了澄清的黄油、酸奶、凝乳和乳清。

古希腊和印度的著名洪水神话也出现在了其他国家如缅甸、越南、马来亚和印度尼西亚、新几内亚和澳大利亚，还有许多岛屿和半岛如菲律宾、俄罗斯远东的堪察加

1860年洪水中毗湿奴化身为鱼

半岛，还有整个北美与南美。19 世纪，美国画家乔治·卡特林说他访问过美国境内的 120 个部落，每一个部落都流传着一个传说：一场毁灭性的洪水中只有一小部分人幸存下来。如此广为流传的各种洪水传说都源于同一个来源似乎不太可能，更合乎情理的是各种传说的流传反映了一个事实，即洪水对人类来说是最普遍的自然灾害。被许多人认为是现代人类学之父的詹姆斯·乔治·弗雷泽爵士对洪水神话进行了研究，并得出以下结论：

> 这些传说之间毫无疑问存在相似之处，在一定程度上是由于一个民族直接传播到另一个民族，因此这些神话大部分相似，但是又完全独立。不管是大洪水的经历还是神话的经历都表明了世界的不同地区都有大洪水发生。

乔治·卡特林画的画作之一，1846—1850 年

虽然神话故事有很多种，但大多数神话有一些共同特点。首先，洪水不是偶然而是有意为之，通常，不总是由一个或多个神执行。有时候，就像在挪亚和丢卡利翁的故事里，是一些人的邪恶惹怒神灵所致。例如，在毛利人的传说中，神灵派来两个先哲警告人们的错误行为，但是当这些警告都被忽视时，随之而来的是毁灭性的降雨。不过在其他故事里，洪水是对某些更具体行为的惩罚。法属波利尼西亚的赖阿特阿岛有一个关于海神鲁阿图掀起洪水的传说，当时他正打算睡一觉，但是渔夫的钩子缠在他的头发上，他勃然大怒。在远至特兰西瓦尼亚和新几内亚的地方，那里流传的是关于人类无法抵抗禁果，或者是禁鱼的传说。在新几内亚的故事里，人们抓住了一条肥美的鱼，但一位好心人警告他们不要吃。这些人并不听劝吃了鱼，结果除好心人和他的家人外，其余人全被决堤的洪水给淹死了。特兰西瓦尼亚的传说始于黄金时代，树木上有肉，河流里流淌着牛奶和葡萄酒。有一天，一位老人出现在一所农舍，要求在那里过夜。他给住在那里的夫妇一条鱼，但请他们不要吃掉，并说 9 天后他会回来，当他们把鱼还给他时，他会报答这对夫妇。但是妇女一想到老人如此重视这条鱼，肯定这条鱼很特别吧，她就非常痛苦。她丈夫试图阻止她，但最后她把鱼扔到火上烤了。就在这时，一道闪电击死了这个妇女，然后就开始下雨。老人如约回来，告诉丈夫去建造一条船，并把他的亲属、动物和种子带上船。雨下了一年，他们是仅有的幸存者，但是在新的世界里他们不得不为食物辛勤劳动，疾病和死亡第一次出现。

在这些故事中，洪水是报应，但在另一些故事中人类却很少是有罪的。在亚利桑那州皮马部落的故事里，正如吉尔伽美什传说一样，人口过剩是引发众神警觉的最主要原因之一，而在其他故事里，比如来自北美中部大平原的神话，人类是诸神之间权力斗争的无辜受害者。有人说天空之灵创造了人类，并把他们安置在肥沃的地球上生活，但是密苏里河有角的水精灵——昂克提希，把人类当成虱子，于是昂克提希和她的追随者们不断地从他们的角里喷出大水淹没大地，并淹死人类。只有少数人试图爬到山顶，逃过劫难。他们祈祷能活下来，

20世纪初期，两个住在泰尔湖附近的澳大利亚人

而伟大的雷鸟——瓦坎·坦卡听到了人们的呼喊，便和他的追随者们出发去拯救人们。多年来，坦卡他们与昂克提希及其后代一直战斗，直到坦卡这一方取得最终胜利。自从雷鸟千方百计帮助人们后，人们以永久崇敬他作为回报。在一个斐济传说中，洪水的到来是因为一只怪鸟每天早上用它咕咕的叫声把伟大的神灵恩德盖伊吵醒，他因此勃然大怒而让他的两个孙子杀死了这只怪鸟。其他的故事也同样地生动形象。越南的巴哈那人说在一次争吵中，有只风筝在螃蟹的脑袋上啄了一个洞，螃蟹发怒了，便让大海和河流汹涌澎湃，淹死了除一对兄妹外的所有人类。据住在维多利亚州的泰尔湖附近的人说，世界上所有的水都被一只巨大的青蛙吞掉了，动物们非常绝望，所以他们聚集在一起讨论做什么可以使巨蛙吐出水来，后来他们想出让巨蛙大笑的办法。他们尝试一切的办法，青蛙却面无表情地坐着，直到鳗鱼立起他的尾巴做出异乎寻常的扭动。青蛙突然大笑起来，他嘴里涌出的水太多了，除被鹈鹕刁到巨蛙船上的几个人外，其他人类都被水淹死了。

因此在洪水神话中有很多种“为什么会有洪水”的说法。同样也有很多种“洪水怎么形成”的疑问？正如我们所见，不仅是雨造成挪亚和吉尔伽美什的洪水。在每一种情况下，似乎都是从海洋深处喷发的水。在许多其他的神话中，比如说在新几内亚禁食鱼的故事里根本不是因为下雨形成洪水，同样阿拉斯加的因纽特人的洪水神话里，洪水是由地震引发。许多岛屿如大溪地和夏威夷以及美国西海岸的美洲传统部落的神话故事中，海平面的上升正是造成灾难的原因。而在遥远的岛屿，雨发挥了部分作用，但它是由可以掀起巨浪的飓风引起的。对北美的部分人来说，引起洪水的原因是一场大雪。而对于华盛顿州的美国人来说，洪水是一只被人们抛弃的海狸滴下的无尽泪水。

苏拉威西的托那加人制作的女性木偶

所有的洪水神话都有一个共同的因素，那就是留下的幸存者寥寥无几。乌塔那匹兹姆受到一位神的特别保护。挪亚得救是因为他的美德，就像特兰西瓦尼亚的那个好人是因为他试图阻止他的妻子吃那条特殊的鱼。在波利尼西亚的帕劳群岛的一个类似的传说中，众神假扮成乞丐来到人间。当他们乞求食物和住宿时，只有一位老妇人亲切地接待了他们，其他人都把他们拒之门外。她是唯一一个幸免遇难的人。女性作为唯一的幸存者是不寻常的，在大多数神话故事中，尽管主角往往是男人。在苏门答腊以西的恩加诺岛的人，也阐述了一个女人是唯一幸存的人，正是因为她的长发被荆棘树缠住，从而保住了她宝贵的生命。在印尼苏拉威西托那加地区，洪水过后只有一名孕妇幸存。同时一只怀孕的老鼠也活了下来，他愿意帮孕妇寻找食物，但作为回报，他提出孕妇要承诺从此老鼠有权食用人类的一部分庄稼。动物在其他故事中扮演着重要的角色。在菲律宾阿特阿部落洪水神话中，唯一的幸存者因骑在一只巨鹰的背上而得以存活。玻利维亚的基里瓜故事里，幸存者是躺在垫叶上漂浮的两个婴儿，后来有一只蟾蜍帮助了他们。加利福尼亚阿舒奇米神话中唯一的幸存者是一只土狼，他收集了各种鸟类的羽毛并将其种在地里。一段时间后，羽毛长成了人。

对挪亚、乌塔那匹兹姆和丢卡利翁来说，他们逃生的方法通常是某种船只。墨西哥的惠考尔部落流传着这么一个故事，有一个年轻人试图清理一块田地来种庄稼，但每天早上他发现前一天砍倒的树又恢复之前的高度。第 5 天，他遇到一个老妇人告诉他是她每晚在修复树木。他生气地问她为什么这样做，她说她需要和他谈谈。他砍树是在浪费时间，因为在 5 天之内会有一场大洪水。虽然年轻人没有意识到那个女人其实是伟大的曾祖母娜卡维，即地球女神。她不仅让年轻人做了一个木箱子让他爬进去，她还给箱子盖上盖子使箱子能够防水，最终年轻人在涨水的时候存活下来。当圭亚那阿拉瓦克人的睿智首领马雷瓦纳被警告大洪水来临时，他选择造一只独木舟，但为了不让独木舟在海上漂荡，他把它绑在一棵树上，这样当海水退去时，他不会离家太远。不过，其他人则找到了更奇特的逃生方式。一些幸运的人躲在山顶上避难，就在山顶快要被至高无上的普拉姆齐马斯神发动的洪水淹没时，他们看到了神吃零食时从窗口扔下来的一枚巨大坚果壳，便赶紧跳进了这枚坚果壳里逃生，而厄瓜多尔卡那利部落的洪水传说中也有一座神奇的山。在苏门答腊的巴塔克人的神话里，两个兄弟是人类最后的幸存者，他们也在山顶避难，可是当他们准备松口气时，水很快又涨起来要淹没山顶了。对于人类最后的一对幸存者，他们逃跑依靠的是地上的一块泥土。在他们的故事里，在人类濒临灭绝时，造物主忏悔了。他把泥块系在一条线上然后放在水面上。幸存者踏上泥块，而它继续向前延伸，直到变成我们今天居住的地球。

世界人口的重新增长通常是毁灭性洪水传说的最后篇章。但有时候人口的重新增长并没有那么简单。在地震引发大洪水的故事结尾，只有一对兄妹幸免于难。作为仅存的人类，他们认为最好和对方结婚，但又觉得这不合理法。于是男人问太阳他是否能娶他的妹妹，太阳说可以。但他们的结合只生了一块石头。月亮告诉他们这是因为兄妹之间的婚姻是被禁止的。不久，当这个男人死的时候，4 个孩子突然从石头里蹦出来，成为人类的祖先。在圭亚那马库西人的神话中，幸存者也采取了类似像丢卡利翁和他的妻子的方法，即朝自己的身后扔石头来制造人类。

还有一个故事出人意料。阿拉斯加州的铁匠讲了一个有关富有年轻人的故事，他带着他的 4 个侄子乘着独木舟，去向一位拒绝了许多求婚者的美丽少女求爱。他

厄瓜多尔因加皮卡附近，一群穿着五颜六色衣服的卡那利人

没有成功，伤心地决定回家。当他们准备从岸边出发时，一个女人出现了，并把自己的女婴交给有钱的年轻人，她说如果他想娶到一个美人，他就要带走这个女婴。男人接受了孩子，就在他们要划船离开时，拒绝他求爱的女人不小心落到了水边，然后慢慢沉入淤泥中。她哭着呼救，但那个有钱的年轻人说这是她自己的错，然后她被淤泥吞没了。少女的母亲很生气，命令一群熊掀起巨浪淹死这群人。野熊们凶猛地把湖底也翻了过来，使得不仅求婚者的4个侄子，还有其他人也被淹死了。只有年轻人逃走了，当他的独木舟在海浪上疾驰时，他发现身后的婴儿已经变成了一个美人。他娶了她，他们的后

今天的桑托林岛 *

* 锡拉（Thira）岛的旧称，希腊基克拉迪（Cyclades）群岛最南的岛屿。——译者注

代重新繁衍世界。而那两个来自厄瓜多尔的卡那利兄弟在神奇的山上避难且活了下来，当洪水退去后，两只长着女人脸的金刚鹦鹉给他们带来了食物。他们娶了小的金刚鹦鹉为妻（大的飞走了），并与她生了6个孩子，卡那利种族得以传承。至于被娜卡维拯救了的那个惠考尔人，他被要求带上一只母狗做伴。这个男人和母狗住在一个山洞里，在洪水来袭前他一直忙于清理之前他耕种的田地。奇怪的是，每天晚上他回到家都发现有一块为他烘焙好的蛋糕。5天之后，他决定躲在家里看看是谁做的蛋糕。令他吃惊的是，他看到那只母狗居然脱去自己的皮毛，变成一个女人。一开始这个女人为自己的秘密被发现感到心烦意乱，但最终她适应了自己的新身份，这对夫妇继续生活下去并繁衍成一个大家庭。

不过，并非所有的洪水都有神话里世界末日那样的规模。有一些故事提及洪水只造成世界的一部分消失。最著名的就是亚特兰蒂斯的故事。柏拉图写道直布罗陀海峡以西有一个富裕岛屿，岛屿面积比小亚细亚和利比亚的面积总和还要大，同时地中海沿岸的许多陆地也被归为该岛的领域。但是最终岛上的居民变得腐败，这个岛也因地震而沉没。现在人们普遍认为亚特兰蒂斯的故事不过是一个传说，尽管有些人相信它可能起源于猛烈的火山爆发。这场火山爆发摧毁了希腊的桑托林岛（锡拉岛的旧称），还在约公元前1500年引发了克里特岛上的海啸。

威尔士流传着一个消失的王国的故事。这个王国名叫坎特雷·格瓦洛德，建在历史上先后有16座美丽城市的卡迪根海湾。王国被一连串的堤坝防护，并由一个叫塞瑟宁的人负责看守。可是一天晚上，塞瑟宁喝得烂醉如泥，忘了关闸门。坎特雷·格瓦洛德被洪水淹没后消失了。据说在威尔士有一座布满了岩石和鹅卵石的山脉，叫作圣尔巴德瑞，或者叫圣帕特里克堤道，它在退潮时可以从巴茅斯的北部被看到，是其中一处防洪工事的遗迹。无数个宁静的夜晚，消失的城市的教堂钟声依然可以在海浪的拍打声中隐约听到。事实上，树桩在卡迪根湾退潮时可见，从博思这个小村庄的存在可以推测神话中肯定有一些真实存在的事物，但是随着大量的群落消失在海浪之下，现在已经没有可靠的证据能证明了。

就在英吉利海峡对面的布列塔尼，也有另一个在洪水

特肯达马瀑布，哥伦比亚

在威尔士，麦迪吉恩，伊尼斯拉斯附近的博思沙滩上，低潮时暴露出的水中森林

中失去土地的传说。据说 Ys 城也就是现在的杜瓦讷内湾，当时也是有坚固的堤坝防护，不受大海的侵袭。它的统治者是一位圣洁的国王，名叫格拉德隆。他有一个漂亮但放荡的女儿，名叫达胡特。堤坝上有很多巨大的水闸门，闸门的钥匙由格拉德隆保管。有一天晚上，他的女儿把钥匙偷走了，在和她的情人一起喝醉后打开了闸门。当水涌入的时候，格拉德隆试图骑着他的马莫尔瓦茨逃跑，同时他一把抓住女儿，把她提起来放在身后。

当潮水拍打着马蹄，国王听到一个声音要他把“魔鬼”丢进海里，否则他百分之百会死。他便让女儿跳下去，海水也随之退去，之后他逃到了坎佩尔。但 Ys 城永远消失了，而达胡特化作了一条引诱水手走向死亡的美人鱼。

这些凯尔特人的洪水传说可能没有明显的事实依据，但世界其他地方的传说似乎受到一种奇特景观的启发，或者说这些传说是被编造出来解释这些奇观的。据说塞萨洛尼亚深山里的一条深深的裂缝是由丢卡利翁的洪水造成的。哥伦比亚特肯达马瀑布也是该原因形成的。哥伦比亚穆伊斯卡人说，很久以前他们得罪了一个二等神，神释放猛烈的洪流让穆伊斯卡人不能种植庄稼，因此他们向伟大的波希卡神祈祷。他扔下金魔杖，把群山从上到下一分为二，就在此时一道瀑布出现了，而正是这道瀑布排空了地面上肆意流淌的水。南太平洋上有一座面积占了大洋 1/2 的曼盖亚岛，它的四周是面朝大海的天然珊瑚崖。岛的后面是小溪流淌的低矮山丘。溪流使得岛的中心形成了一个高原。根据当地传说，岛上曾经有一个平缓均匀的斜坡通向大海。雨之王奥丘与阿克之间有一场比赛，看谁能完成令人印象深刻的壮举。为了取得优势，阿克呼唤风之神拉卡，吹了一场可怕的飓风，同时风暴之神的两个儿子生成 30 米高的波浪。为了报复阿克，奥丘召唤出他最喜欢的雨，让它下了五天五夜，风雨交加形成的洪水冲刷着岛上的深谷，直到它开始呈现今天的形状。

2. 现实

就像神话中的洪水一样，真正的洪水有很多种形式和规模——暴雨、融雪、潮涌、风暴、海啸、堤坝、泥石流，甚至战争。早先的受害者是受到洪水淹没或是被漂浮的岩屑撞击而亡，但后来更多的死者是因长时间的暴露、饥饿和疾病。在我们所知最早的洪水中，北海的风暴潮引起了一场发生在英国附近的洪水，于 838 年袭击了荷兰。一位编年史家写道，飓风把大海卷起来后形成了一场突如其来的可怕洪水，接着洪水摧毁了一系列建筑物且淹死了近 2 500 人。两个半世纪后，在 1099 年 11 月 11 日，《盎格鲁-撒克逊人编年史》记载，大海“汹涌而来，如此之大的破坏以至于没有人记得以前的城市面貌”。1176 年，荷兰人再次遭受侵袭，洪水冲垮堤坝涌入低洼地带，淹死了一大批人。根据一位当代编年史家的记载，一个世纪后的 1287 年 12 月，一场洪水侵袭了荷兰须德海 * 地区以及诺福克的希克林村。

* 艾瑟尔湖（Ijsselmeer）的旧称。——译者注

当洪水袭来时，还在床上熟睡的男人和女人以及摇篮里的婴儿都在睡梦中溺亡。一些生还的人，在被洪水围困时，为了找寻一处避难之地，试图爬到树上，但由于寒冷身体变得僵硬麻木，最终还是被洪水征服，掉进水里淹死了。

中世纪最严重的一次洪水发生在1362年1月15日。它始于一场毁灭性的席卷大不列颠群岛的大风暴，都柏林所有屋顶都被掀翻，英格兰南部成千上万棵树木被连根拔起。贝里圣埃德蒙兹和诺里奇的教堂塔楼都被移平，当风暴到达北海时，它与高潮结合在一起，形成了剧烈的涌浪，永远淹没了亨伯河河口的拉文瑟港。接下来风暴又袭击了荷兰、德国和丹麦的海岸。位于丹麦的斯特兰德岛上的一座富庶的伦霍尔特市，遭受了和拉文瑟港一样的命运。风暴穿过丹麦石勒苏益格的主教教区后，伦霍尔特有60个教区被海水吞没。据说后来该风暴被称为著名的格罗特·曼德伦——人类溺亡大事件——夺去了10万人的生命，然而现代学家估计死亡人数为25 000人或更少。在接下来的两个世纪里，石勒苏益格地区遭受了数次特大洪水灾难，在1570年11月1日的晚上，海水再一次袭来。

万圣大洪水淹死了沿海地区正在睡梦中的人们。接着洪水淹没了阿姆斯特丹、鹿特丹和多德雷赫特，这让一些目睹洪水的人认为这是挪亚洪水的重演。不久之后，

17 世纪，荷兰洪水，威廉 · 舍林克斯，约 1651 年

荷兰的皇家财政大臣安德烈 · 范德胡斯在一封信里写道："这些痛苦和损失是如此巨大，无法用语言来形容。"死亡人数预估再次上升到 10 万，但据一些现代模型预测，真实数字可能更接近 4 000 人。古代洪水造成的伤亡人数似乎很多被夸大，但毫无疑问的是临近北海的陆地，的确遭受了可怕的灾难。据一位气候学家计算，在 1099 年至 1570 年间，将近 300 个城镇和村庄被摧毁。

不到 40 年后的 1607 年 1 月 30 日，英国遭遇了有史以来最致命的洪水袭击，也许是最严重的一次自然灾害。一本当代的小册子中写道：

> “这里发生了如此四溢蔓延的洪水，使得海平面剧烈上升，坚硬的土地被冲刷的沟壑纵横。在人类的记忆中从未见过或听说过。”

小册子还补充道：“晴空万里的背后发生了恐怖的事情，那时其他事物就预示暴风雨即将来临。”书中原文写了这么一句话：“早上9点左右，明亮的太阳照耀着大地。”萨默塞特郡、格洛斯特郡和南威尔士的人们都在忙碌工作，但是当他们抬头的一瞬间，看到远处“排山倒海的大水，翻滚着一浪接一浪”很快就向他们逼近。有些人看得眼花缭乱，因为排山倒海的大水就像是被火焰点燃了一样，“千千万万支着火的箭”“冒着浓烟向他们飞来”，而且比鸟儿飞得还快。目睹了这可怕景象的人们立马撒腿逃命，他们所有的物品都被无情的海水冲走了。

但是海浪“猛烈而迅速”，在5个小时内，大部分地区被洪水淹没，数百人都被这“骇人听闻的大水”吞噬了。成千上万头羊、牛、马、牛、猪及其他无论是野生还是驯养的动物，也全部死亡了，还有房屋连同庄稼和干草一同被摧毁。很多人早上从床上起来还是有钱人，中午前就变成了穷人。塞文河两岸和南威尔士沿岸村镇里，那些被洪水困住的人们不得不躲到树顶或教堂顶上，一连几天只能无助地看着他们的亲人在洪水中死去。但有些幸运的人抓住木板或动物尸体得以逃脱。据一个5岁的小孩子说，因为他的外套散开浮在水面上他才幸免于难。据估计，此次洪水波及了520平方千米的地区，而且大约有2 000人死亡。一些科学家认为洪水是由海啸引起的，而另一些人认为是暴风雨导致。

在过去的3 000年里，中国的黄河已泛滥1 500多次。难怪新中国以前人们称它为“中国的悲伤”。黄河是世界上含沙量较多的一条河流，所以它的名字也是来源于经常阻挡河流并且不断抬升河床的淤泥的颜色。数个世纪以来，当地政府修建堤坝来拦截黄河，但是在1887年暴雨后，河水开始上涨，现位于郑州市附近的河岸堤坝当年有很多不尽人意之处，但是负责维修的官员称因时间不对，拒绝采取加固措施。那年的9月28日，在河流的急转弯处的堤坝塌陷了。断裂的缝隙从几米很快扩展到90米，这使得黄河肆意涌入华北平原。1888年1月，《泰晤士报》刊登了一篇报告，这份报告是其特邀记者在两个月前撰写的。记者描述了洪水是如何“将死亡与荒芜蔓延到前所未有的程度”。淤泥覆盖了房屋，至少1 500个村镇被一扫而空，据说被淹没的面积相当于整个威尔士。洪水造成的死亡人数以及由洪水导致的饥荒和疾病造成的死亡人数的总和估计在90万到250万之间，《泰晤士报》报道说，那些对堤坝塌陷失责的官员被投入绞刑架。

这已经够糟糕的了，但不到半个世纪后，当黄河和长江双双决堤时，引发了有史以来最致命的洪水，这也许是人类历史上最严重的自然灾害。1931年夏天，空前的暴雨结束了3年的干旱，7月底，长江沿岸240千米

1954 年湖北武汉长江洪水

的土地在距河岸 32 千米的范围内都被淹没。据《泰晤士报》的记者报道，在很多地方，如农村已经变成了“一片汪洋大海”。一个村接一个村的房屋淹没在洪水之中，居民不得不在舢板和帆船上避难。记者接着写道：“比其他地方稍高一点的一小片空地上，又挤着两三个家庭和他们的牲畜。被困于此的人们期盼着一线生机，但最后是死亡解脱了他们。”报道不断更新：由于洪水决堤，数个地区凭空消失，共有 1.2 万人丧命。洪水泛滥的地区是中国主要的水稻种植区域，当时估计最多只有 30% 的夏季作物能够收割，而许多地区的冬季作物则可能没有收成。一大批人逃往城里，其中 7 万人前往长江流域的大城市汉口。到 9 月份被水淹没的地方有 90 厘米深，食品价格飞涨。情况令人震惊：

> 想象一下，一条大约 5 千米长，13 米宽的泥巴路上到处都是用于遮盖的一张张草席和一个个麻袋。成千上万不同年龄的难民，健康状况也各不相同。

> 只有 1.2 米宽的小路中间挤着了密密麻麻的人，还有猪、鸡、鸭和瘦弱的狗。四分之一是 6 岁以下的孩子。现如今人们才意识到，在当时如此拥挤的高密度人群中，根本没有任何卫生设施。

当年大雨将持续到 11 月，记者悲观地说：“如果有人接着死亡，就没有地方可以再埋葬尸体。饥饿和瘟疫似乎不可避免。”这座城市已戒严，但每天晚上都会发生几十起抢劫案，由于“官员怠惰和管理不善”使得许多被毁损的堤坝都得不到修复。

最终超过 105 000 平方千米的土地被洪水淹没，大约有 5 000 万人被迫离开家园。难民涌入空荡荡的学校和寺庙，只要有空隙的地方就挤满了人，好像水在身后追赶他们一样。政府搭建帐篷营地，到 1932 年 4 月，汉口和武昌的救灾营地的总人数超过 50 万人。

《泰晤士报》的记者报道说，难民们被安置在 30 米的避难所里，每个避难所最多能容纳 80 个家庭。为了隐私，难民们尝试将竹编弯成半圆搭建成小帐篷，这样他们可以蜷缩在一起取暖睡觉。一些家庭还留有储蓄，市场上也会有商贩售卖橘子、豆腐、鱼和猪肉，但是政府发放的救济大米和谷物将要耗尽，贫困群体为了降低生活成本，便以草或稻壳为生。

《泰晤士报》的记者对难民消极接受不幸的态度感到惊讶。药品短缺，多种疾病例如天花、流感、痢疾在难民营里蔓延。当时政府的回应是混乱的："可耻的挪用公款和侵吞救灾物资的流言蜚语"与"资源和人力都已投入到救灾中的杰出榜样"同时存在。慈善机构也投入抗灾工作。"

慈善组织和当地的寺庙达成合作，在寺庙里安置了250名妇女和小孩，并让他们上午学习基础课程，下午上缝纫课。记者写道，这是一种安慰，让避难所的苦难绝望变成了寺庙里的忙碌和喜悦。难过的是，这些勇敢的努力在整个悲惨的大环境下难免显得"无足轻重"，谁也不知道未来从哪里获得粮食。前景再糟糕不过了。最后，据估计，有十几万人死于洪水，而上百万人死于洪水带来的饥饿和疾病。当时官方抗洪组织的一份报告计算出，损失了价值几亿美元的农作物，整个经济损失高达几十亿美元，这是一个惊人的数字。

蓄意造成的洪水被阿兹特克人用来抵御西班牙人，也被荷兰人用来对抗西班牙人和法国人。这也不会是最后一次：例如，1944年诺曼底登陆后，德军曾开闸放水，淹没了法国北部犹他海滩后的一大片地区。这使得许多同盟国的跳伞兵在降落时溺水身亡，而德军则得以阻止敌人从海滩上的进一步攻进，造成同盟国人员伤亡惨重。

2004年12月26日那天发生的海啸造成约23万人死亡，是有史以来世界死亡人数最多的一次。12月26日早上7点59分，在距印度尼西亚苏门答腊岛西海岸约160千米的海底发生了9.1级地震，这是有史以来第三大海啸。近1 600千米的断层线滑动了约15米，推高海床后海水上涨了 30 立方千米。由此产生的第一波海啸在 15 分钟内袭击苏门答腊，但在接下来的 7 个小时内，超过 12 个国家的沿海地区都会被摧毁。1948 年，人们已在地球上地震最活跃的太平洋“火环”地带，建立了海啸预警系统，但在 2004 年，该系统并没有发出任何关于印度洋的海啸预警，大多数受害者完全是在意外中丧生。在许多地方，出现任何异常现象的第一个迹象就是奇观。现在可从电视广播中熟知，海水被神秘地吸离海岸，只留下迷惑的游泳者和喘气的鱼儿。正如我们现在所知，海水退离之后，将发生毁灭性的巨浪，那些逃过溺水的人却有被碎片砸碎或刺穿的危险。接下来进一步的浪涌和回旋，一进一退，海水就像是在巨大的玻璃杯中来回旋转。

到达苏门答腊岛时，海浪高达 30 米，该岛伤亡人数最多，有 9.4 万人丧生。紧随其后的是斯里兰卡，有 3 万多人死亡。而整个印度尼西亚总死亡人数约 16.6 万人。一位在岛上冲浪的英国游客还记得遇到的那惊人的骇浪。随后他听到岸上传来的尖叫声。他赶紧往回跑，穿过各种残骸，直到他跑到一座所剩无几的桥头边，死死地紧贴着桥。四周的混凝土板像“纸片”一样被吹飞到空中。

这里还发生过历史上最严重的铁路事故。“海皇后号”是来往斯里兰卡首都科伦坡和著名的度假胜地加勒间的著名列车。12 月 26 日，火车上挤着约 1 500 名乘客，其中许多是儿童。在火车开到距离目的地约 32 千米的帕拉利亚村庄时，附近的海滩受到了第一波海啸的冲击。当火车被海水包围而立即停车时，许多当地人爬上车顶或者是躲在列车后。他们希望以这样的方式获得安全，但残酷的现实让他们失望了，因为下一波的海啸把整个列车击得翻来覆去，直到最后列车落在一座小山丘上。车上一名以色列游客说，当车厢翻过来并灌满水时，他惊慌失措。一切都变黑了，他想就是这样死的。火车又翻了个身，他看到前面的窗户还露在水面上。他和一个朋友设法逃了出去，但他们没能解救一位妇女和她的孩子。一位 62 岁的餐馆老板说，火车很快就被淹没了。他被困在车里 45 分钟，以为一切都结束了，他也从窗户逃了出来。在外面，他找到了儿子和女儿。起初，他们在一座寺庙里避难，但担心会有另一场致命的海浪，他们便往上山徒步约 3 000 米，到了一所学校。一名来自苏塞克斯的 25 岁男子成功爬上一幢房子的屋顶，他回忆起第二波的海浪："我刚看到这堵水墙朝我们猛地冲过来，接下来就是尖叫和喊叫。"在随后的日子里，人们把几十具尸体集体埋在一个乱葬坑里。"这是我们唯一能做的事。这是孤注一掷的解决方法。"其中一个人说："尸体都腐烂了。我们给他们举行了一个体面的葬礼。"据悉火车上至少有 1 700 人死亡。

从泰国密集的旅游胜地到印度尼西亚偏远的渔村，茂盛且绿意盎然的景色瞬间变成了棕色泥泞般的废墟。印度死亡 9 000 人，泰国死亡 6 000 人。像马尔代夫、安达曼和尼科巴群岛这样地势低洼的群岛几乎是被淹没了。距震中 6 400 千米的索马里境内有 176 人丧生。甚至在更

远的地方，南非有 8 人死亡，德班港也因为海啸造成的致命洋流而不得不关闭。此外人们认为在全世界范围有 23 万人因此死亡，数百万人无家可归。幸存者抱怨没有任何警告。有人说：

> “直到海洋消失后人们才四处逃窜，害怕要发生什么大事。没有任何电话，没有口头消息，甚至都没有坦诺伊 * 有线广播通知。”

* 一种有线广播扩音器的商标名。——译者注

但是海洋学讲师蒂姆·亨斯托克博士在一次对91名英国受害者的调查中提出证据，他解释说，警告是没有用的，因为没有疏散计划：

> “知道地震发生的人却不知道该如何反应。除非您有基础设施和机制，并且每个人知道如果在出现警告时该怎么做，否则预警系统将不会起到任何作用。”

尽管如此，在普吉岛的一海滩上，一位10岁的英国女学生从地理课上学习到海啸即将来临的迹象，她设法说服她的父母和其他人转移到更安全的地方，而在同一个度假胜地，一位苏格兰教师也预感到了即将发生的事情，并让一车人开车去更高的平地。

有一些令人惊讶的绝处逢生的事件。在泰国，一名2岁的瑞典幼儿在考拉克海滩被冲走，之后却被一对美国夫妇在附近的公路上发现，除几处割伤和瘀伤外，这名幼儿并无大碍。灾难发生5天后，人们发现了一名不会游泳的印尼孕妇紧紧抓着一棵西米棕榈树的树干在海上漂泊。她靠吃树皮和果实存活了下来。当时周围有成群鲨鱼游来游去，但她“祈祷它们不会伤害她”。又过了10天，一艘集装箱船把一名抱着浮木的21岁的建筑工人从海里救了起来。这名工人告诉救援人员，他在苏门答腊海滩上工作时，突然被卷进海里，他是靠他发现的那些漂在海上的椰子为生，打开椰子的工具就是他的牙齿。海啸发生1个多月后，在尼科巴群岛的丛林中，发现 9 名幸存者。

负责救灾的联合国官员扬·埃格兰对世界各国的初步反应赞不绝口，他指出 90 个国家提供了援助，其中许多国家的经济状况并不富裕。他宣称："我认为海啸中的世界各国是伟大的"，赞扬其应对措施"有效、迅速和有力"。他补充道："人们有紧急避难所，有食物，有健康医疗设施。"不过，他接着说，重建工作并没有像他希望的那样迅速进行。苏门答腊和斯里兰卡的政治冲突阻碍了重建工作，一年后，因海啸流离失所的 200 万人仍然无家可归。在印度尼西亚，有 67 500 人住在帐篷里，其中 5 万人住在临时营房里，同时 50 万人仍依赖紧急粮食补给。

据估算，斯里兰卡约 40% 的渔船被毁，导致船主们歇业。援助机构指责斯里兰卡、印度、印度尼西亚、泰国和马尔代夫的政府劝阻甚至阻止那些生活在沿海地区的居民返回自己的家乡，因为这样开发商可以入驻后建设新的旅游度假区。灾难发生两年后，有报道称，住在印度泰米尔纳德邦的渔民们生活非常艰难。现在一些渔民被安置在离海数千米的临时营地里，所以他们没有足够的时间去捕鱼谋生。灾难发生后，印度洋海啸预警系统才开始启动。

正如我们看到的，风暴也会带来致命的洪水。孟加拉国地势低平、人口稠密，当孟加拉国人在清晨醒来时，他们发现孟加拉湾的海平面在不断急剧上升。该国总人口约 1.4 亿，但只有总人口四分之一的国民生活在海拔 3 米以上。1970 年 11 月 13 日凌晨，一场以风速超过 195 千米每小时的热带气旋掀起一股巨浪，并猛烈冲击当时还是巴基斯坦一部分的孟加拉国。受灾最严重的是恒河三角洲的小岛屿。在曼普拉岛上的一位名叫卡马卢丁 · 乔杜里的农民说，他听到一声巨响后就往外面看。屋外是黑漆漆的一片，但在往远处打量时，他看到了一道“越来越近的光芒，然后他意识到那是一排巨浪的顶峰”。他在千钧一发之际，将自己的家人赶上了屋顶，当小岛消失在一个 6 米的浪头里，海水很快就拍打在他们的脚下。幸运的是他们的房子比大多数邻居的房子更坚固，经受住了洪水的侵袭，而乔杜里一家在狂风骤雨中，蜷缩在一起整整 5 个小时。天快亮时，海水退去了，幸存者们发现自己眼前是满目疮痍的景象。岛上 4 500 个竹棚中，只有 4 个仍然屹立不倒。田野光秃秃的，尸体躺在海滩上或挂在树上。据估计，该岛总人口 3 万人中有 2.5 万人死亡。在吉大港附近的 13 个小岛上的岛民都不幸遇难，同时邻近该国最大的岛屿博拉岛上，有多达 20 万人死亡。当然，在孟加拉国，也有一些引人注目的死里逃生事件。一位 40 岁的稻农靠着一棵棕榈树活了下来。他看见自己的 6 个孩子一个接一个地被海浪卷走。绝望中，他和他的妻子在被海浪即将冲走时，农夫设法抓住了另一棵树，也抓住了妻子。洪水撕掉了他们的衣服，使他们赤身裸体。待洪水退去后，邻居的儿子给了他们几块从树上和尸体上捡来的破布。洪水过后三天，又发生了一件惊人的事。一个木箱被冲上岸，里面有6个孩子。孩子们的祖父把他们放进去后自己也爬了进去。孩子们活了下来，但是祖父暴露而亡。还有很多让人悲伤到窒息的故事。一位老人不得不把52位亲属的遗体埋在一座坟墓里。某一个村庄里，脸上缠着围巾为防臭味的幸存者说，他们已经在乱葬坑里埋了5 000人，但是由于有太多的尸体要处理，一些尸体只能放在临时木筏上，然后推到海里去。但他们经常又被海水冲了回来。

一名《泰晤士报》记者在事后飞越博拉时报道，他看到当地人试图把已经膨胀了的牛的尸体拖到墓地里。他看见地里有几只牛还活着，但"没有一片草可以吃。整个村庄消失得无影无踪，仿佛被一台巨大的吸尘器吸走了，只留下了房屋地基的泥泞轮廓，作为村庄曾经存在的证据"。有100万头牛被淹死，水被污染，四分之三的水稻作物被毁。考虑到随后的疾病、暴露和饥饿，以及总伤亡人数高达100万这几个事实，可以说这是有史以来由风暴造成的最致命的洪水。它还产生了重要的政治后果。住在东巴基斯坦的民众对设立在西巴基斯坦的国家政府的拖延和勉强的抗灾回应表示强烈不满，示威很快演变成一场内战，东巴基斯坦最终成为全新的独立国家——孟加拉国。然而，独立并没有阻止洪水的袭击，1991年，飓风又带来了另一场洪水，造成13.8万人死亡。1970年的飓风洪水在文化史和政治史上都占有一席之地：它催生了第一场大型慈善摇滚音乐会。这场为孟加拉国举办

从美军直升机上看到的1953年的荷兰洪水

的音乐会上有多位艺术家例如拉维·尚卡尔、鲍勃·迪伦、乔治·哈里森和埃里克·克莱普顿（他是很多慈善活动如非洲拯救生命义演的发起人）。

幸运的是，世界上许多居民从未经历过飓风、旋风和台风，但风暴可以与暴雨、汹涌的潮汐相互作用产生致命的洪水，即使在温带地区也会发生，正如我们在北欧看到的那样。虽然人们对一些古代洪水造成的人员伤亡数字抱有一定程度的怀疑，但我们可以肯定的是，1953年的风暴潮在荷兰造成1 850人死亡，在英国又造成300人死亡。北海的飓风把已经很高的潮水卷起来形成了一堵巨大的水墙，直逼英格兰东海岸，接着向荷兰，淹没了该国近十分之一的农业用地。

英国本土的第一批人员伤亡发生在1月31日星期六，

有 40 人淹死在林肯郡的梅布尔索普海滩和萨顿海滩。随后，海浪袭击了诺福克，淹没了金斯林的大部分地区，水深至 1.8 米，造成 15 人死亡。埃塞克斯郡的捷威克金沙村因其美丽的海滩而广受欢迎，人们用混凝土和黏土墙来保护当地的平房和小木屋，但洪水很快就把它们吞噬了。

一名男子试图带着他伤残的妻子和 3 岁的孙子从前门逃走，但他说，当他们推开大门时，"汹涌的海水猛烈地向他们扑来。水一下子淹到了他的脖子。他的妻子突然就不见了"。他一手紧紧抓住带刺的铁丝网，一手抱住

孟加拉国的一次洪水，由 2007 年 11 月 15 日席卷该国南部的"锡德"气旋造成

孩子直到救援人员到达。另一名男子匆匆赶往他父母的杂货店，但两次都被打旋的水流击退。他不停地打电话恳求父母离开并去附近家里的顶楼，但他们想先把货物搬到货架上去。最后一次该男子打电话时，他听到父亲说“窗户全都打开了”，电话里，他妈妈喊着“救救你自己吧。我们快淹死了”。然后电话线就断了。平均年龄66岁的37人在捷威克死亡。

洪水来袭时，许多人都在床上睡觉，而住在坎维岛沿岸地区的人们也是如此。整个岛的水位都低于大潮的高度。虽然岛上有24千米长的围墙用来防潮，但当地大多数住房都是不结实的度假屋。当晚11点20分，当地警长接到警报说将有一场异常的涨潮，但这种警报并不少见，且风暴实际上似乎已经在减弱。但是岛东北部的海防比南部的要低，就在午夜前，还躺在床上的人们就看到水开始从他们身上漫过。他们连忙爬起来跑去通知邻居，同时当地河道委员会则试图通过喊叫、吹口哨和敲门来拉响警报，但往往很难知道哪些房屋有人住，哪些房屋是空置的。凌晨0点30分，墙上裂开第一个缺口。一位70多岁的老太太被邻居叫醒后爬上家里的阁楼，她吓坏了。“那是一股汹涌的洪流，载着各种各样的东西，包括一辆大篷车、几个棚屋，还有大量的重木材。它们不停地撞击着墙和门，就像是冲击夯一样。”她很幸运。大多数在睡梦中的岛民被玻璃破碎的声音或墙突然爆裂的轰鸣声震醒了。被毁的碎片瓦砾当时正以“和公共汽车一样快”的速度冲过来。当地消防队试图出动拉响警报，但都被滔滔洪水击退。电话接线员被告知要给尽可能多的人打电话，但此时洪水已经阻断了通信线路。

在靠近海堤的平房里，曼瑟一家——母亲、父亲和10个孩子——在3点钟被狗吠声吵醒，这时水已经齐腰深了。曼瑟夫妇和他们15岁的大儿子伊恩、13岁的克里斯托弗尽自己最大的努力去紧紧抓住其余年幼的孩子们。刚开始，他们还能够站在家具上，但海水在无情地上涨，孩子们大声尖叫因为家具开始漂浮起来。房子后面450米处有一个堤坝，上面有一条小路。伊恩决定先游过去，之后他就可以去寻求帮助。

与此同时，曼瑟先生试图让三个孩子浮在水面上，而克里斯托弗感觉水已经溢到他的下巴，他试图再托起两个孩子，但他越来越累，他发现很难再让两个孩子的脸露出水面。曼瑟太太把两个最小的孩子放在婴儿车里，她鼓励家里人唱圣歌来振奋精神。过了一会儿，曼瑟先生在天花板上砸了一个洞，大一点的孩子可以爬起来跨在椽子上，但其他的孩子都待在下面上不去。5岁的基思摔倒了，头撞在铁炉上。克里斯托弗潜入水中试图救他，但男孩已经死去。曼瑟太太不停地摇动婴儿车里的婴儿，克里斯托弗回忆到他们看上去多么平静，不过后来他意识到，水位这么高，水一定已经进到婴儿车里，“两个孩子刚刚死了，没有发出一点声音”。

大约在曼瑟夫妇被吵醒的时候，来自陆地的消防队作为第一批外部救援人员已抵达小岛。他们和当地消防队员一起，征用了一艘小艇，用一块地板当桨，救出了14名被困在平房里的人。到目前为止，几乎整个岛屿都被淹没在水下，独木舟和锡制浴缸都被用作救援工具。不久，潮水开始退了，破晓时分，岛民们双脚赤裸，身上还穿着昨夜湿透了的衣裳，他们开始步行穿过大桥前往另一头的陆地，担心下一次涨潮会带来什么后果，而那些从相反方向赶来帮助的人们却惊恐地发现“坎维岛已变成一片大海”。到了早上10点钟，海水又涨起来了，但士兵和当地渔民都在尽力营救。一名军官说，幸存者“对他们所做的一切赞不绝口，从未有一句抱怨或惋惜自己的损失”。一名70岁的退休女佣在床头板上独自坐了12个小时，后来一名当地游艇俱乐部的年轻男子救了她，但一名妇女和她的丈夫女儿在水里站了13个小时，就在救援人员到达前一小时死亡。两名男子驾着皮艇终于到达曼瑟一家，把他们一个接一个地运到安全地带。当他们抱起克里斯托弗时，他已经在水里呆了10个半小时，冻得僵硬了。他被带到一所房子里，“一个女人给我披上了厚毛毯，递了热水让我捂手，她还使劲地摩挲我的身体，直到我从僵硬中缓了过来。我特别感谢她”。当他和家人在休息中心团聚时，他才发现他的弟弟伊恩活了下来，但最小的三个孩子都被淹死了。岛上到处都是尸体，树上，灌木丛里，花园里。

当局决定全体岛民必须撤离。大约有1万人离开，但有500人留下。一位上年纪的妇女说：“希特勒没有在战争中杀死我，我相信泰晤士河神这次也不会夺走我的命。”一段时间内，人们担心有数百人丧生，但后来系统搜索显示，岛上实际死亡人数为 58 人，其中 43 人超过 60 岁。周二下午，最后一名幸存者被发现——一名 76 岁的妇女。英国本土的总死亡人数是 307 人，在随后的调查中，有人批评在洪水席卷到东海岸的几个小时内都没有任何警告。

有时洪水卷起泥土、石头和各种各样的碎片，形成快速流动的湿水泥，最后变成泥石流。也许历史上最严重的泥石流灾难是发生在 20 世纪最后几天的委内瑞拉的北部地区。1999 年 12 月 14 日，经过两个星期的持续降雨，河流和溪流决堤。山洪暴发和泥石流冲垮了分界该国首都加拉加斯与加勒比海的陡峭山脉，还冲走了建在

加拉加斯，委内瑞拉泥石流灾后情景，1999 年 12 月

山坡上的棚户区。脆弱的房屋被汽车砸穿墙壁，铁皮屋顶被石头和树干压垮。在布朗丁社区，4 000 名居民中有近四分之一被淹死或失踪。一名妇女在寻找她 71 岁的父亲时说，父亲当时就在屋里，但洪水把他和其他一切都冲走了。死亡无处不在。在我的脚下，在洪水过后留下的这片废墟下。一位在布朗丁生活了 11 年的 52 岁的男子说："我经历过一次地震和其他可怕的事情，但我的生命中没有什么能比得上这次洪水。我永远不会忘记人们的惊慌失措和大喊大叫。还有洪水发出的咆哮声。你永远忘不了如此残酷的场面。"

但受到冲击的不仅仅是棚户区。位于加拉加斯国际机场附近的智能公寓群洛斯·科拉莱斯，在洪水过后看起来就像是月球表面，街道和停车场都被石头和泥土覆盖。一位当地人说，一堵水墙，携带着巨石和碎片从山的一侧袭来："如果你遇上了它，希望上帝保佑你。"绝望的人们前往散落着树干的海滩，日夜不停地"像僵尸一样"地走来走去。抓着自己物品的几十人被海军战舰或直升机接走。在一次救援飞行中，一名妇女生了孩子。另一个 12 岁的女孩手上紧握着她珍贵的宝贝——一台录音机。直升机和伞兵部队空运了紧急物资——罐装鱼、婴儿食品、水、牛奶和尿布，绝望的人们一齐用手推车和轮椅将物资运走。共有 1.2 万名士兵参与了营救工作。

救援人员不得不骑马进入偏远的山区寻找幸存者。紧急避难所很快就挤满了人，成千上万的难民带上床垫睡进了加拉加斯的主体育场，体育场人满为患。废弃的房屋和商店被洗劫一空。一名年轻人背着一条巨大的冷冻金枪鱼，在武装士兵的注视下说："这是紧急情况。我们需要食物，我们就要带上它。"胡戈·查韦斯总统呼吁那些房屋没有遭到破坏的委内瑞拉人民收留无家可归者。他和妻子已经向父母失踪的孩子开放了总统府。

据悉此次灾难死亡人数高达 3 万人，但由于很多尸体被深埋在淤泥中或被冲入海中，我们可能永远无法知道真正的死亡人数。大约 2.3 万座建筑物被毁，14 万人无家可归。此次泥石流恰逢委内瑞拉就新宪法进行全民公决，批判人士说，委内瑞拉政府无视灾难即将发生的警告，派遣警察前往投票站工作，而他们本可以帮助疏散那些处于危险境地的人。但一些批评家也承认，面对如此可怕的灾难，即使警察到场也可能起不了什么作用。

我们习惯认为降雨引发洪水，但在 1941 年的秘鲁，热浪是洪水的诱因。风景如画的殖民地小镇瓦拉斯的居民一直沐浴在炎热的阳光下，当地气温接近 30 摄氏度。距离城市仅 19 千米，海拔 900 米的帕卡科查湖由一座天然大坝拦截，该湖蓄水量超过 35 亿加仑 *。就在 12 月 13 日星期六的黎明前，一块巨大的冰从海拔超过 6 250 米的帕卡拉朱山崩裂，坠入湖中，产生的巨大水浪冲垮了天然大坝，接着湖水混合着泥土、岩石和冰川冰一齐

* 加仑，体积容积的英制单位，1 加仑＝4.546 09 立方分米。——译者注

冲向山谷。几千米过后，这股洪水先注入了一个名为“Jircacocha”的湖泊，该湖泊的天然大坝也不堪重负而破裂。更加猛烈的洪水汇入奎尔凯河，并以每小时50千米的速度奔向瓦拉斯，当时这座城市大约有1.1万居民。洪水横扫了几个乡村社区，造成了一些人员伤亡，但当地大多数住宅的高度都比水面高，因此躲过了洪水的重大破坏。当河水聚集更多的岩屑时，一团云朵从上方飘过。瓦拉斯的居民们开始一天的忙碌，人们开门营业、去教堂或集市。突然他们听到从远处传来像从人喉咙里发出的咆哮声。有人开始尖叫——是地震、火山爆发还是袭击（日本人在6天前袭击了珍珠港）？事实上，这是因冰川湖泛滥而造成的有史以来最致命的洪水。当高达27米的水墙夹带着树木房子牲畜和人的尸体，轰然涌入镇里时，当地居民们慌乱地朝四面八方逃难。一些人试图在瓦拉斯最现代化的建筑——一家新酒店——的顶部避难，但洪水粉碎了房屋的根基，掀起了屋顶，使得整个房子都倾斜了。洪水摧毁了城市的三分之一，包括房屋、学校、网球俱乐部和斗牛场。监狱的墙上因洪水裂开了一个洞，很多囚犯借机成功越狱，尽管有些人在尝试逃跑的过程中被淹死了。然后，洪水沿着圣塔河向瓦拉斯以外的地方继续前行220千米，摧毁了更多的房屋、桥梁、种植园和部分路段。据估计当天死亡人数高达7 000人。秘鲁在过去的300年里遭受了20多次类似的洪水，但都没有像这一次如此致命。

今日瓦拉斯

洪水给数百万人带来了痛苦和死亡，但也能带来重要的好处，它们通过帮助不同的动植物种繁衍生息来更新池塘，维持湿地和生物多样性，它们也促进鱼类和鸟类的迁徙。2010年，当奥卡万戈河在博茨瓦纳决堤时，洪水摧毁了道路和房屋，但也灌注了数千平方千米的富含营养的水源，吸引了数千只水鸟来到这一地区，其中许多物种是半个世纪以来从未见过的。

在那噶密河附近的漫滩上，鸟类数量估计增加了4倍多。对许多人来说，是否能得到适合的洪水是一个生死攸关的问题。在巴基斯坦的印度河下游，只有河水泛滥，才能在原本是沙漠的地方种植庄稼。

同样，古希腊伟大的史学家希罗多德把埃及描述为尼罗河的礼物。如果没有河流带来的肥沃淤泥，那个国家也将是一片荒芜的沙漠。正常情况下，尼罗河在6月下旬开始上涨，直到9月中旬达到峰值，留下丰富的营养物质。

在 13 世纪前后，人们如果想要生产出优质的农作物，河流的最低水位大约为 8.5 米。如果水位超过 10.5 米，就会发生严重的洪水，但如果水位达不到 8 米，就会有饥荒的危险。例如，1200 年，河水的水位上升不到 7 米，便引发了一场可怕的饥饿，夺去了至少 11 万人的生命。

洪水还创造出一些世界上最不寻常的地貌，比如德国海岸附近的西尔特岛，它最窄处只有 550 米宽，侧面形状像一个大写字母 T。它是由格罗特·曼德伦克（来自大西洋的狂风）携带并倾倒的淤泥形成的。

多亏了该岛的不可接近性和其壮丽的海滩，这座“北方的圣特罗佩斯”小岛现在成了上层人士的游乐场。伟大的德国小说家托马斯·曼、画家瓦西里·坎·丁斯基、布里吉特·巴多和前温布尔登冠军迈克尔·斯蒂奇都曾到访过该岛，使得小岛大放光彩。洪水形成的一个更让人震惊的景观是亚利桑那州的石化森林。200 多万年前，这个地区是一片热带雨林，栖息着许多两栖动物和爬行动物。后来洪水泛滥，被冲倒的树木都被覆盖在淤泥下。这种涂层减缓了原木的腐烂，同时风把火山灰吹到这个地区。地下水溶解了火山灰中的二氧化硅，使其渗透到原木中，然后填充或替代了木材中的细胞壁，从而使其结晶成石英，最终保存下来的原木令数百万游客蜂拥而至，只为一睹惊人之貌。

荷兰马杜罗达姆模型村，男孩手指插入堤坝的雕像

3. 文学中的洪水

也许文学史上最著名的虚构洪水事件是发生在一本从未有人写过的书里。而书中的这场洪水并没有真正的发生。世界各地的孩子们都被这个故事惊呆了，故事说的是一个荷兰小男孩在某夜回家的路上发现堤坝上有一个洞，他在寒冷的天气里用自己的手指堵住这个洞一整晚的时间，因为他知道一旦他离开哪怕一秒钟，水就会冲进来给他的邻居和亲人带来灾难。时至今日，我们仍用“手指堵住堤坝”来比喻为避免不幸而做出不顾一切的努力。那些相信这个故事是真的，或者至少是一个久负盛名的传说的人们可以被理解，因为荷兰的若干城镇，如斯帕伦丹和哈灵根，已经为这个小英雄设立了纪念馆。

事实上，这个故事来自美国儿童作家玛丽·梅普斯·道奇在1865年写的一本书中书。《汉斯·布林克》里有这样一个片段：整个班的小学生都在大声朗读名为《哈勒姆英雄》的课文。很多年前，在那个镇上住着一个8岁的性情温和的男孩，尽管我们从未知道他的名字。道奇写道，即使是荷兰的小孩子，也知道该国大部分地区位于海平面以下，只有通过坚固的堤坝才能避免灾难性的洪水，因此需要“时刻保持警惕”。一个秋高气爽的下午，男孩出发准备给一位盲人送蛋糕。在回家的路上，他注意到大雨让水涨了起来。因为天快黑了，他开始小跑，但就在这时，他被涓涓细流的声音吓了一跳，抬头一看：

> 堤坝上有一个小洞，还正好有一条小溪流过那个洞口。一想到堤坝漏水，荷兰的孩子都会不寒而栗！男孩一看就明白了危险。如果让水慢慢流过，这个小洞很快就会变成一个大洞，结果将是一场可怕的洪水。刹那间，他意识到了自己的责任。

这个男孩爬上堤坝直到够到洞口处，然后他插入自己那“胖乎乎的小手指”来堵住水流。起初，他感到一种成就的兴奋感：“只要我在这儿，哈勒姆就不会被淹！”不过，很快，他又冷又疼，又害怕得发抖。他不停地喊救命，但没人来。他向上帝祈祷，然后“他听到一个来自神圣决心的答案——‘我要在这里待到早上’”。小英雄渴望能待在他温暖的家里，但他知道，如果他把手指移开，“愤怒的海浪，将会越来越愤怒，汹涌而来，直到淹没整个城镇才会停歇。”那是一个痛苦的夜晚。“我们怎么知道那漫长而可怕的守望让男孩忍耐着怎样的痛苦——男孩会意志动摇吗？”男孩会有小孩子们都有的恐惧吗？最后，天亮时，一位牧师离开生病的教区居民家，在沿着堤坝顶部行走时，他听到呻吟声，并在远处的下方看到了男孩“痛苦地扭动着”。他拉响了警报，救援终于来了。小说中的另一个人物则向我们确认了这个男孩堵住泄水口的决心是典型的荷兰人的精神。

洪水也许只是《汉斯·布林克》的一个小元素，但它是法国自然主义作家埃米尔·佐拉，在1880年写的中篇小说《洪水》中的唯一主题。该书描写了一位名叫路易斯·鲁宾的老爷爷的故事。他现年70岁，住在距离图卢兹几千米的加龙河畔的圣若里。他和弟弟皮埃尔、妹

加龙河，图卢兹处的一个拦河堰

妹阿加特、儿子雅克和雅克的妻子罗斯以及他们的三个女儿生活在一个农场里。其中一个女儿艾美，嫁给了西普里安，并养育了两个孩子。艾美的妹妹维罗妮克，很快就嫁给了一个力大无比的年轻人，名叫加斯帕尔。

路易斯很富有，每当邻居们的葡萄藤遭遇虫害时，他的葡萄藤却完好无损，似乎"周围有一道保护墙"。路易斯觉得这本就是他应得的，"我从不伤害任何人，幸福是理所应当的"。在 5 月一个美丽的夜晚，加斯帕尔来家里吃饭为婚礼做准备。他们唱歌，庆祝，喝着好酒，尽管这位年轻人提到有些人担心大雨会使加龙河涨水。不过，路易斯不以为然。他指着美丽的蓝天说："每年都是这样，河水发怒了，似乎她非常生气，但一夜之间她就平静了。"

整个夜晚都回荡着田园诗般的声音——邻居的大笑声、孩子们的嬉戏声、牲畜在棚屋的走动声。突然，有人喊道："加龙河，加龙河！"

圣若里坐落在一个看不见加龙河的山谷里，因此，这家人看到的第一眼令他们震惊的景象是两三对男女，其中一人抱着一个孩子，沿着道路狂奔，"好像一群狼在追他们"。在他们身后的不远处隐约可见"像一群点缀着黄色斑点的灰色野兽的不明物体。它们从四面八方涌出，一浪挨着一浪，一团团杂乱无章的浪花，轰隆隆疾驰的奔腾，震天动地。"对路易斯来说，洪水不是自然现象，而是一支邪恶的"冲锋部队"，似乎在"追捕逃犯"。很快，它抓住了他们，在他们的膝下打旋，接着吞没他们。路易斯急忙把家人赶到楼上，“房子很坚固，我们没什么好怕的”。很快河水就流到了楼下的院子里，但雅克对此表现出勇敢的态度，说以前也发生过类似的情况，河水很快就会退去。不过，路易斯注意到，随着洪水席卷村庄街道，它改变了策略，“不再是疾速地扼杀，而是一种缓慢且无人能敌的勒杀”。男人们站在窗边试图挡住能看到的画面，但屋下面农场动物挣扎和淹死时惊恐的叫声把女人们吸引了过来，现实无法再被掩盖。当水无情地上升到楼上的窗户时，有人在哭泣和流泪。路易斯又想了想，钱不重要，重要的是每个人都安全，同时雅克要求所有人必须爬上屋顶，他仍然相信坚固的房子会保护他们。

当他们爬上去时，他们一家已经看不到陆地了，很快水就漫到他们脚下约 1 米处，但路易斯坚信，一旦救援船看到正在发生的情况，肯定会从邻近村庄赶来。洪水变得越来越危险。树木倒下，建筑物倒塌，洪水不停地冲撞着房屋。他们该怎么办？加斯帕尔提出背着维罗尼游到安全的地方寻求帮助。路易斯的弟弟皮埃尔建议做一只木筏。接着西普里安说他们必须爬上屋顶才能到达教堂的塔楼。他打算自己先爬出去侦查路线是否安全，但艾美坚持带着孩子们和他一起去。其余的家人留了下来。西普里安一家成功通过了前两个屋顶。但第三个屋顶非常陡峭，他们必须手脚并用。下一个落脚点至少 3

米高，但西普里安非常灵活，设法爬上了旁边的排水管，而艾美和孩子在一旁等待。当西普里安穿过屋顶时，屋顶却瞬间坍塌了，这个可怜的人儿掉了下去，脚卡在两根横梁之间，头刚好伸出上涨的水面。艾美在下面看着这一幕，痛苦地号叫。在其他人试图救出西普里安时，中间的一座房子也倒塌了，他们所能做的就是看着西普里安在漫长且极度痛苦中溺亡。

这家人没有时间去细想他们的损失。现在，水已经涨到了屋顶瓦片上，被摧毁的建筑物的横梁像重锤一样敲打着墙壁。当女人们哭泣时，加斯帕尔、雅克和皮埃尔试图抵挡这些水性“导弹”，但他们还是被河水那战无不胜的“平静的力量”征服。他们听到不远处有声响，看到船上的灯笼，突然加斯帕尔看到了一个像木筏一样漂浮着的棚屋的屋顶。他跳了上去，向路易斯喊道，他们得救了。然后，他设法把韦罗尼克和她的妹妹玛丽、罗斯、阿加特送上了船，后面剩下的男人们说要把艾美救过来。此时的艾美仍然靠在烟囱上，怀里抱着孩子，水已经漫到她的腰了。他们将木杆当作桨，坐在临时搭建的木筏上终于划出家门，但是当他们冲出来时，发现如果要划到艾美那里，将会遇到致命的水流。路易斯非常痛苦。营救行动将 8 条生命置于危险之中。当加斯帕尔试图把船划向孤立无助的艾美时，水流又猛地把他们甩回房子，木筏散架，所有人都掉进了水里。皮埃尔抓着路易斯的头发把他拽回屋顶上，他和加斯帕尔设法营救了维罗尼克和玛丽，但阿加特、雅克和罗斯都溺亡了。在不远处的另一个屋顶上，水终于逼近艾美和她的孩子们。

剩下的5名幸存者现在被困在狭窄的屋顶上。皮埃尔担心屋顶不能承受他们的重压，于是他跳下水把生存机会留给另外4个人。凌晨2点，供他们站立的屋顶面积因水位上升变得越来越小，加斯帕尔说，他将和维罗尼克一起游到仍然露出水面的教堂，找一艘船，然后回来接路易和玛丽。他在维罗尼克身上系上一根绳子后，和她一起潜入水中。有时，维罗尼克的体重让他有点往水下沉，但他仍以超人的力量继续往前游。当游到离教堂大约三分之一的距离时，他们被水里漂来的碎片击中，消失在水里。从那一刻起，路易斯被“惊呆了”，只剩下“动物寻求自身安全的本能”。玛丽被这可怕的景象逼疯了，她失足掉进水里溺亡，这是路易斯昏迷前最后记得的一件事情。他后来得知，早上6点从邻近村庄赶来的人，发现他昏迷不醒地躺着，但他希望自己也和家人们一同死去，他说：“其他人都走了！还在襁褓里的婴儿，即将结婚的女孩、年轻的已婚夫妇、年老的已婚夫妇。而我，我就像一棵无用的野草，又粗糙又干枯。”他回到图卢兹寻找他挚爱的家人们的尸体，发现有700人被淹死。

佐拉的故事是基于5年前发生在加龙河的一场真正的洪水，这也很可能证明了洪水中被报道的真实事故很大程度上影响了他的故事描述，比如一农民的全家人在屋顶上寻求避难，结果他们都死了，又比如14个人溺死在一艘倾覆的船里，唯一的幸存者是一个15岁女孩，但她丧失了理智。

亚历山大·普希金的《青铜骑士》诗也是受到真实事件的启发——1824年11月圣彼得堡在洪水中毁于一旦，数百人丧生。《泰晤士报》指出，“下层人民尤其是受害者”。佐拉的写作风格是“自然主义派”，而普希金的风格极富想象力。作品以庆祝彼得大帝建造一座伟大城市的成就为开篇。这座城市建在涅瓦河畔，早在一个世纪前，那里只有零零散散的小屋。这首诗继续写到11月的一个漆黑的夜晚，狂风呼啸，涅瓦河“翻滚地像一个生病的人，在他的床上焦躁不安”。这首诗的主人公叶夫根尼的情绪与窗外的风暴一样，他在床上辗转反侧，哀叹自己的贫穷。更让他痛苦的是，上涨的大水会阻止他去看他心爱的帕拉莎。第二天早上，河水像锅里煮沸的水一样冒着泡，像暴露的野兽一样疯狂地扑向城市，很快圣彼得堡就浸在齐腰深的水里。就像佐拉小说中的路易斯一样，普希金开始把洪水变成一个有意识的实体，“邪恶的水浪像小偷一样从窗户爬进来”。很快，小屋、横梁、屋顶、桥梁、棺材的碎片以及“交易的商品和发白简陋的动产”都在街上漂浮，与此同时人们“凝视着上帝的愤怒，等待着他们的厄运”。广场变成了湖泊，沙皇的宫殿就像一个忧郁的岛屿。沙皇走到阳台上，“悲伤而烦恼”，并承认即使是“自己也无法掌控上天的安排”。此时，叶夫根尼爬到一头大理石狮子身上，河水不停地拍打在他的脚下，雨水落在他的脸上，但他的眼睛只盯着一个遥远的地方，他希望能望见一坐简陋的房子，那里有他心爱的人和他的寡母。相反，他看到的是排山倒海的巨浪、咆哮的暴风雨，以及在天上来回飘荡的各种碎片，他感到非常震惊。彼得大帝那气势恢宏的青铜骑士雕像从高处俯瞰着这动荡不安的景象。佐拉笔下的洪水具有军队化的军事精密性和残酷性。普希金赋予洪水更多的是强盗的随意性和掠夺性：“这样一个掠夺者，带着他的野蛮部队冲进村庄，砸坏、砍伤、粉碎和抢劫。强盗们急忙赶回家，但他们精疲力竭，又害怕被追捕，因为掠夺的赃物过于沉重，他们便丢弃在了路上。”

当涅瓦河“完全浸透在毁灭”时，河水开始消退，叶夫根尼出发去找帕拉莎，他说服一个船夫带他渡过仍然不受控制的水域。很多时候他们的小船几乎要翻了，但最后他们到达河的对岸。年轻人跑向他心爱之人住的那条街上，但目光所及之处已面目全非。所有的东西都被“扔在地上”或“撕得稀烂”。这个地方就像是战场，尸横遍野。他开始自言自语，拍了拍额头，然后突然大笑起来。最后，“被折磨得筋疲力尽”的叶夫根尼逃跑了。当他回到圣彼得堡时，一切已恢复正常，但他的思想却被遭受的可怕打击所倾覆，他成了一个衣衫褴褛的流浪汉，在街上游荡。孩子们向他扔石头，他靠别人从窗户递给他的一口食物为生。青铜骑士雕塑的画面一直浮现在他的脑海里，他诅咒这座城市为何建立在杀死他至爱女人的水域附近。他逃出城，跑了一整夜，但他觉得还能听到彼得大帝骑着战马在他身后追赶他的轰鸣声。最后叶夫根尼躲到一个无人岛上的废弃小木屋里，有一天他的尸体就在那里被发现。

在普希金的诗中，主人公被洪水逼得精神崩溃，但

《青铜骑士像》，圣彼得堡彼得大帝的骑马雕塑

在其他文学作品中，水的暴力与主要角色内心遭遇的动荡和痛苦相吻合。在乔治·埃利奥特 1860 年出版的小说《弗洛斯河上的磨坊》中，玛吉·塔利弗与她的哥哥汤姆疏远后，爱上了她最好的朋友露西的未婚夫。她和他一起逃走了，但后来玛吉又回到了之前生活的圣奥格村，但此时的她无家可归。在小说的高潮部分，一天晚上，玛吉独自一人坐在那里看书，这时她听到窗外下起了大雨，呼呼呻吟的狂风不停地敲击窗户。这场雨已经下了两天了，年长的居民们一直在谈论 60 年前弗洛斯河发生的一场洪水，那次洪水造成了巨大的悲剧。玛吉收到一封信件，带来的是新的坏消息。一名当地牧师建议她离开这里，因为她的存在带来了不和谐，而另一封信来自露西的未婚夫，他指责玛吉与他分手，并请求她回来。在绝望中她被诱惑了，但她告诉自己，上帝给了她一个十字架，她必须忍受至死。但她的情绪再次波动，她怀疑自己是否真的能忍受这种命运。在她痛苦的时候，她感到脚下又冷又湿。水在她的门前流动。是洪水！她叫醒了同屋的一对夫妇，突然有什么东西撞到窗户上，一下子窗户震碎，水汹涌而入。她逃到一条船上开始划船。雨已经停了，但船在洪流中还没办法停下来，“这是上帝可怕的问候”。玛吉急切地想回到她在多尔科特磨坊的老家，看看汤姆是否安全，但她不能分辨出方向。当她终于设法找到自己家时，一楼已被水淹没，但汤姆从楼上的窗户翻出来上了船。

圣彼得堡洪水，1824 年

他接过一只桨，和玛吉奋力划船去救露西，但是水越来越危险了，因为水上漂浮的各种碎片越来越多。另一艘船上的人们大喊要他们注意，因为一块巨大的机器碎片正朝他们飞来，但为时已晚。汤姆看到船即将沉没。他扔下桨，把玛吉搂在怀里，“转眼间，船从水面上消失了，而那块巨大的碎片带着丑陋的凯旋离开”。汤姆和玛吉紧紧拥抱着沉入水中，永不分离，他们将会埋葬在一起。埃利奥特指出，5 年后，洪水造成的荒凉几乎没有任何踪迹：“大自然修复了她毁坏后的残迹，用她的阳光和人类的劳动来修复一切。”

洪水也出现在梅尔文·皮克著名的超现实主义三部曲中的第二部小说《戈尔门加斯特》的高潮里，它反映了主人公提图斯·格莱恩的生活危机。戈尔门加斯特城堡正受到致命的敌人斯蒂尔派克的威胁，他希望夺取最高权力，一直未被发现地游荡在迷宫深处，他用自己致命的弹弓不断威胁其他的人的生活和身体。与此同时，17 岁的提图斯，戈尔门加斯特的伯爵，情陷初恋的痛苦，他被“那东西”迷住了，这个女孩是他以前奶妈的女儿。当提图斯在城堡外徘徊时，“这场大雨”的第一滴落下，这不是一场普通的倾盆大雨。即使是天空的第一道裂纹，也能激得地面尘土飞扬。尽管雨势猛烈，但人们没有因为这场雨还感到任何急促。它给人的印象是天空中蕴藏着无尽的能量。提图斯决定跑到树林里去躲雨。现在雨下得像“拧开的水龙头”，水很快就涨到了他的脚踝。他试图溅着水花行走到一个山洞里，然后睡着了。当他醒来时，他瞥见了“那东西”，但当她看到他时，她用力向他投掷一块石头，然后跑开了。当她从岩架上掉下来时，他抓住了她并抱了一会儿，但她挣脱了身上的衬衫，逃出了洞穴。提图斯又瞥了她一眼，突然的一道闪电把她烧得像“一片干枯的叶子”。就像弗洛斯磨坊里的玛吉一样，提图斯也有一个和他疏

乔治·埃利奥特创作的《弗洛斯河上的磨坊》中的汤姆和玛吉·塔利弗的插图

远的同胞——他的妹妹，菲茜尔。她来到山洞，告诉他必须回到城堡，因为洪水正在上涨。他们在齐腰深的水中经历了一段艰难的旅程，到达目的地时，他们紧紧地抱住对方。“一瞬间，他们又是兄妹了”。

届时，城堡里的水已经“像一块黑暗而缓慢移动的地毯”，一楼的人员已经被疏散。在戈尔门加斯特的一处长阶梯底下，筋疲力尽的男人们被围在成堆的书籍和家具里睡觉。现在外面是万顷碧波，鱼可以从城堡最低处的窗户游进来。牲畜被带进了城堡里，野生鸟类则在戈尔门加斯特山避难。水还在上涨，很快一楼和二楼不得不被废弃。许多人溺水身亡，而幸存者们仍在继续“将很多财物搬上数十层楼的辛劳工作”。其中最困难的任务之一是驱赶惊慌失措的牛，它们撞坏栏杆，还撞歪了栅栏。但并不是所有的东西都能得到拯救。军械库变成了“红色的锈迹池塘”，书籍化为纸浆，同时画作诡异地沿着走廊漂浮。水依然向上爬行，“让人感到恐惧，每一寸都是湿冷的。”而熟练的雕刻家们则忙着从建筑物上剥下任何能用的木材来制造船只。距离雨停还有两个星期，到那时楼上已经人满为患，人们不得不在屋顶上安营扎寨，其中一个阁楼上临时搭建的医院里挤满了筋疲力尽的病人和伤者。与此同时，提图斯非常兴奋地在走廊和画廊里划着雕刻家为他建造的木船，但大反派斯蒂尔派克已经慢慢潜入城堡的顶楼，他利用自己那百科全书般的地理知识没有让任何人发现他。

提图斯的母亲康特丽丝，决心在海水退去之前追查到斯蒂尔派克，她认为再也不会有如此机会能瓮中捉鳖，于是展开了一场全面的搜捕行动。斯蒂尔派克在提图斯杀死他之前杀死了许多追捕者。雨停了。造成如此浩劫的洪水“无辜地晒着太阳，好像黄油在它柔软忧郁的嘴里不会融化一样”，但是，就如其他真实发生的洪水一样，它留下的只有令人厌恶的摧毁。在城堡里，“一层楼高的地方就有30厘米深的淤泥”。事实上，一年后的戈尔门加斯特仍然是“潮湿和肮脏的”，周围到处都是搭建的临时帐篷和棚屋。洪水后的真实景象让皮克非常着迷。鱼穿过窗户游进城堡等现象也激起其他作家的兴趣，例如17世纪的诗人安德鲁·马弗尔。在《阿普尔顿之家》一书中，他描述了草地变成大海的神奇之处：

船只越过桥梁航行；鱼儿游到马厩。

威廉·福克纳写于1948年的小说《老人》中，洪水之后的灾难比洪水本身更具影响力，基于此情况，作者描写了一位不知名的25岁的瘦弱罪犯的内心经历。故事的背景是一个真实的事件——1927年密西西比河大洪水，洪水冲垮了近250处堤坝，泛滥95千米，造成300人死亡，近65万人无家可归。

这名罪犯因18岁时犯下的一起火车抢劫案而被判入

狱 15 年。他和另一名囚犯一起被送上一艘船，去营救一名困在树上的女人和一名在棉花房屋顶上的男人。很快，他们在险恶的激流中遇上了困难，主人公掉进了水里，另一名囚犯抓住了一棵树，他后来被人救了起来，但以为同船那个瘦弱的罪犯已经被淹死。事实上，主人公成功地爬回了小船，还营救了那名困在树上的怀孕妇女。遗憾的是他没有找到困在屋顶上的男人。在没有食物的水上漂了一天之后，随着夜幕降临，他和那个女人还是没有找到陆地。然后罪犯听到了一个声音。“他以前从未听过这种声音，而且他再也不会听到这样的声音了，因为不是每个人都能听到这种声音，也没有人能在他的一生中听到第二遍。”伴随着这种声音出现的是那些出海的人在海啸中会看到的景象：“在泛着光的水与黑夜相遇的那一刻出现了一道明显的线条，下一刻这线条又比之前长出大约 3 米”，而浪涌的波峰“像奔腾的马儿的鬃”又“像焦躁闪烁的火苗”。水中漂浮着各种各样的残骸——木板、小建筑物、树木和死去的动物。小船的船尾似乎立了一会儿，接着时机它成功地登上了浪尖。

这部小说没有描写男主人公和女主人公之间过多的友谊，甚至没有多少对话，但他觉得有一种为她做一些事情的强烈的冲动——“找到一个人，他可以把她交付的人”。为了充饥，他从水里捞出一只死母鸡生吃了一部分，但女人拒绝他分享的提议。当小船驶过密西西比州边界进入路易斯安那州时，他们设法从遇到的其他船只上获取食物。在巴吞鲁日，囚犯看到一群穿着卡其布衣服的人，试图向他们投降，但他们向他开枪，打伤了他的手，他又赶紧划船。当囚犯和女人在水上度过了“比他记忆中更多的日日夜夜”后，他们被冲到了一小块土地上，在那四分之一英亩（1 英亩约等于 0.4 公顷）的土丘上，女人生了孩子。囚犯收集他能找到的食物，还为船做了一个新船桨，几天后他们又出发了。这次一艘汽船救了他们。船上的一些人很惊讶主人公仍然穿着囚衣，他本该有逃跑的最好机会，但他仍然决心自首，并在一个堤坝旁上了岸。一名医生想送他钱，但他拒绝了。

威廉·福克纳《老人》（1948）封面

从堤坝上岸后，他拖着妇女和婴儿坐的船走了一段时间后，他又带着他们划到一个海湾，在那里，他们和一个只会说法语的法裔路易斯安那州卡津人在一座破烂的房子里待了好几天。

这两个男人一起捕猎鳄鱼，赚了一点钱，囚犯觉得自己能够工作挣钱特别有成就感。他换上从主人那里得到的一套破烂的工装服，但还是让女人给他洗了囚服，并放在安全的地方。有一天外面有很大骚动，但是因为每个人都说法语，犯人和女人都听不懂。卡津人试图警告他们一些事情，第二天早上他便离开了，但囚犯决心留下来。然后，在囚犯下一次捕猎回来的时候，他看到房子旁边有一艘汽艇，女人正带着她的孩子爬进去，他害怕“城堡……他生命中最关键和最可贵的就是他被允许工作和挣钱”，但这一切正受到威胁。汽艇上的人问囚犯和妇女为什么在前一天收到堤防将被炸开一个洞的警告却不离开。他们不得不制服囚犯，把他带到船上后用手铐铐住，阻止他逃跑，但囚犯说服他们把他的船带上。汽艇把囚犯和妇人载到一个城镇，他们又被带到镇上的一个难民中心，有吃有穿。但到了晚上，囚犯和妇人爬出窗户，再次乘上他们的小船出发。囚犯继续划船

1927 年密西西比河大洪水时的阿肯色城

回到密西西比州，一路上做着零工，直到最后他找到了一个副警长，并自首说："那边是你的船，这是当初那个被困的女人。但我没有找到棉花房上的那个混蛋。"他因试图逃跑的罪名又被判了十年徒刑。典狱长说："真倒霉，对不起。"囚犯没有抗议："好吧。如果这是条例的话。"

这可能是很特殊的，但是福克纳的小说描绘了一幅洪水过后的真实画面。然而，自第二次世界大战以来，文学界对虚构的世界末日大洪水的兴趣与日俱增。是不是因为伯纳德·马拉默德在1982年出版的小说中，原子弹是内容的核心？一位名叫卡尔文·科恩的犹太古生物学家在探索海底时，遇到了一场核战争，紧接着是毁灭剩余人类的"第二次洪水"。当他回到方舟，坐支持舱重回海面时，这场浩劫已结束，上帝通过云层的缝隙告诉他，他从宇宙毁灭中逃脱是一个"微小错误"的结果。卡尔文认为，在挪亚之后，上帝曾许诺再也不会淹没世界，但全能的上帝反驳是人类自作自受。他们不仅发明了核武器，还污染了地球，"破坏我的臭氧层，把清新的雨水变成酸雨"。

卡尔文问上帝他是否可以继续活下去，上帝回答说："这次没有挪亚，没有例外。"当人类最后一个人继续航行时，卡尔文不知道自己身在何处，他在船上发现了一只聪明的黑猩猩，他给它取名为布兹，并收养它为自己的儿子。他们搁浅在一个热带岛屿上，并在山洞里安家。

尽管遭受核灾难，但岛上的植被仍在生长，而且在海岸附近似乎有一个曾被洪水淹没过的村庄。很快其他灵长类动物出现在岛上——大猩猩，更多的黑猩猩和狒狒。而不可思议的事情开始发生：美味的水果长得非常丰盛，黑猩猩学会说话。卡尔文开始怀疑这个岛是否是第二个伊甸园。如果卡尔文做了什么让上帝不高兴的事，上帝偶尔会用雷声和火柱以示不满。

这位古生物学家和一只雌性黑猩猩相互产生好感并进行繁殖，他们生下了一个聪明的小女儿。有一段时间，这个群体相处得非常融洽，但后来一些黑猩猩杀死并吃掉了一只狒狒宝宝。当卡尔文责备黑猩猩，告诉他们正在走上与人类同样的灾难性道路时，他们抗议说这是黑猩猩的自然行为，狒狒比水果和蔬菜更好吃。接下来黑猩猩们反抗，他们因此失去了说话的能力，小说采用类似圣经的呼应结尾——正如亚伯拉罕和以撒的故事，布兹和黑猩猩带着卡尔文上山献祭。

比马拉默德的小说早4年出版的是佩内洛普·莱弗利的儿童小说《QV66的航行》，这本书是对挪亚故事的现代改编。

英格兰已经是空无一人，一只名叫帕尔的狗是全过程的目击者，他认为人们一定是在“水来的时候”离开的，而且“水来的时候一定很快，因为人们就这样走了，没有带太多东西”。最聪明的船员是猴子斯坦利。他发现旧报纸上有美国和俄罗斯计划大规模撤离人类到火星的报道。在卡莱尔，该组织征用了一艘标有“QV66 伦敦港务局财产”的船只。斯坦利在伦敦动物园的海报上看到了一张长得像他这样的猴子的照片，斯坦利劝说动物们尽量去伦敦。许多道路仍然被洪水淹没，河流和溪流已经变成湖泊，但当他们的船只向南行驶时，水位开始下降。这艘船不仅成为一种交通工具，而且成为一种家园，他们遇到的世界与他们自己物种间相互合作的例子截然不同。许多动物处于战争状态。

该组织必须与占领大部分曼彻斯特地区的敌对狗搏斗，并挫败一群被称为“智者”的邪恶乌鸦，邪恶乌鸦捕获了该组织里的一只猫，并试图仲夏之日把她献祭于巨石阵*。当 QV66 组织抵达伦敦时，洪水或多或少已经散去，景观也恢复到人们离开前的样子，但动物园却令人非常失望。它被官僚主义和规章制度所支配，到处都是把所有的时间都狂热的花在毫无意义的项目上的动物。帕尔和他的朋友们决心回到 QV66，寻找更好的东西。

我们从未发现是什么原因导致《QV66 的航行》中的洪水，但在 J.G. 巴拉德的小说《被淹没的世界》(1962 年）中，洪水发生的原因是全球变暖，尽管这不是当今人们最关心的问题。这一年是 2145 年，生物学家罗伯特·克伦斯博士是一个科学小组的成员，该小组由军队

* 巨石阵（Stonehenge），位于英国南部的巨大石柱群，据说为石器时代至青铜器时代的产物。——译者注

指挥官布里格斯上校管理，位于伦敦的左方。博士的住处是一间套房，位于里兹酒店曾经的顶层，但现在酒店门外却成了所谓的“潟湖”*（尽管在假日评论网站上，它可能会被描述为一个垃圾遍地的肮脏沼泽）。酒店的底层，以及伦敦其他大部分的建筑都被淹没了，克伦斯认为他的套房是历史文明最后的遗迹之一，“现在几乎永远消失了”。长时间剧烈的太阳风暴导致温度急剧上升，极地冰盖因此融化后产生的大洪水淹没了这栋建筑。由于酷热难耐，赤道和热带地区变得不适宜居住，即使在伦敦，中午的温度也很高。空中到处都是捕食性昆虫，有像蜻蜓那么大的蚊子，仅存的一些人还患有新型疟疾，而巨型蜥蜴和鳄鱼则在城市中游荡。因为强降雨带正从南纬度向上移动，很快人们将不得不从伦敦撤离。总的来说，地球正在回到恐龙时代，变成一个“疯狂的伊甸园”。克伦斯还剩下几个朋友，但他正有计划地远离与人类的接触，因为他相信这是“为一个全新的环境做准备”的必要条件。当布里格斯上校下令撤离时，克伦斯、一位名叫博德金的博士同事，还有一位住在附近的妇女都决定留下来。

几个星期后，一艘水翼艇出现了，伴随着一行小型船队，船上载着一群自由职业者，他们靠从淹没的城市中掠夺货物为生。这群人建立强大的抽水机来清空潟湖，

---

* 海的一部分被沙洲等包围而形成的小湖。——译者注

尽管城市的大部分还被淤泥覆盖，伦敦市中心曾经的容貌显现了出来，他们又建造一个巨大的拦河木坝来阻挡海水进入。三个留下来的对本属于他们的世界遭到破坏，而感到恐惧。博德金试图炸毁水坝，但当他在埋下炸弹时，自由职业者开枪打死了他。克伦斯也被指定要处死，但布里格斯上校赶回来救了他。

这位生物学家问上校什么时候重新淹没潟湖，但布里格斯冷冷地回答说，那些自由职业者们将清空更多的潟湖，他们的工作是最首要的。当克伦斯试图在拦河坝上炸出一个洞时，布里格斯的手下开枪打伤了他，但他逃了出来，然后乘着用油桶制造的双体船向南航行，驶向炎热的地方。

小说在克伦斯航行将近一个月后结束，虽然克伦斯的腿受伤了，还有鳄鱼和巨型蝙蝠的袭击，他仍然继续前行，“第二个亚当在寻找拥有重生太阳的被遗忘的天堂”。

假设我熟悉的气候变化是另一本小说里戏剧性事件发生的原因，那这本世界末日小说正是玛吉·吉在 2004 年出版的《洪水》。伦敦再次成为故事的发生地，在持续数月的降雨之后，伦敦大部分地区已经被“污浊的水”覆盖。故事的有些背景听起来很熟悉。政府由 40 多岁的首相布利斯领导，据说他有“传教士的气质，他认为自己的任务就是说服自己接受自己特别成功的事实。”他挑起了一场与一个遥远的国家的战争，这场战争非常不受人们待见，地铁上也发生了爆炸事件，而情报部门则在大量炮制关于敌人危险程度的档案。富有的伦敦人聚集在城市的高处，而穷人则被限制在剩下的塔楼里。

低楼层的建筑早被洪水淹没，经常连续几天断电，有传言说当局正在改道水路。有人开始讲述挪亚的故事，谴责那些给城市带来毁灭的罪人。与此同时，一位电视明星科学家提出了一种理论，即行星的异常排列将导致巨大的潮汐波。

随着河水的不断上涨，即使富人居住的地区也开始被淹没。由于洪水学校关闭，屋顶倒塌。因为很多街道被淹没，任何出行都变成一场噩梦。一辆公共汽车被卷走，造成50多人死亡。经济正在崩溃，高楼区的居民沦落到以物易物的地步。

如果居民们离开家，他们可能会遭到抢劫。雨终于停了，政府正在开展大扫除工作，为一场盛大的庆祝晚会做准备。待晚会结束时，水又开始上涨。布利斯声称一股外国势力正在破坏防洪设施，并对其发动先发制人的攻击。当富人们开始试图逃离这座城市时，突然，“伴随着神秘的咆哮声，伴随着像是巨龙在吸吮排水沟的吱吱声”，洪水消失了，脏水重新回到大海，汽车、公共汽车、棚屋和割草机也随之而去。吉的小说写于12月26日海啸之前，但现在，当然，我们意识到这只是灾难的第一阶段。接下来发生的事情是出现了一条“白色的水线，从很远的地方逼近”。人们跑到城市的最高点水仙花山避难，但海浪还是把他们都卷走了。

起初，在斯蒂芬·巴克斯特2008年的小说《洪水》中，全球变暖似乎也是世界性的问题。虽然这个史诗般的故事跨越40年且覆盖世界大部分地区，但早期的大部分故事还是发生在伦敦。今年是2016年。伦敦和英格兰的大部分地区都被淹没在水下，全国到处扎满了难民营，为因洪水流离失所的人们提供了住处。我们了解到，类似的事情正在西班牙和澳大利亚发生，波利尼西亚的图瓦卢群岛已经被摧毁。有人说海平面的上升速度（在伦敦由于强降雨加剧）比之前预测的任何“气候变化”都要快得多。泰晤士河的防洪堤现在大部分时间都处于使用状态。但愤怒的抗议者抱怨说，数十亿美元的资金被用于保卫首都，而其他地区则自生自灭。在这场被认为是千年一遇的事件中，河两岸的防洪工事都被淹没，洪水从堤坝上倾泻而下。不久泰晤士河流域就变成了一个群岛。

J. G. 巴拉德，《被淹没的世界》（1962年）封面

到2017年，海平面上升了5米。利物浦已经被遗

弃，剑桥位于海岸边上。因为人们竞相争夺日益减少的土地，世界的其他地区因此爆发了战争。与此同时，在冰岛附近的海底，一位名叫桑迪·琼斯的海洋学家被某种喷泉困住了。在挪亚洪水的回声中，当“所有的深海喷泉都被打破”时，我们被告知这感觉就像是“水从地球内部源源冒出一样”。桑迪记得关于地下海洋被困于海底多孔岩石的理论，并开始思考，不是气候变化而是这个原因造成海平面上升。她给沉没的海洋起名乌塔那匹兹姆和德乌卡利昂。上升的水是热的，随着海洋变暖，世界温度也随之升高。一场飓风摧毁了纽约市。到2019年，英国被洪水淹至30米深。外来热带疾病出现，法律和秩序崩溃，被铁丝网包围的独立领地盘踞在高地上。同样的事情也发生在美国，据说在非法路障上被枪杀的人比被上涨的海水淹死的人还多。这部小说的主要人物之一，一位自私自利但富有远见的大亨内森·拉莫克森宣称：“地球在干预人类，它试图把我们甩掉，就像狗甩掉跳蚤一样。”在洪水暴发前，有20亿人生活在海平面不到100米的地方，到2025年，海平面上升了200米。

拉莫克森把他的总部搬到秘鲁的古印加首都库斯科，那里的海拔为3 400米。像大多数幸存下来的城市一样，这个城市由一条被棚户区包围的丰富的“绿色地带”组成。北非和西非已被洪水吞噬，澳大利亚几乎消失。没有任何喘息的机会，到2031年，海平面已经攀升至400

米，吞噬了洪水前40%的土地，这曾是40亿人口的家园。越来越多的人不得不生活在木筏上。有些木筏特别巨大，甚至船上还有小型农场。到2035年，一个新的印加帝国出现在南美洲剩余的土地上，新国的军队占领了拉莫克森的总部，但是拉莫克森的部下释放出一种基因特异的毒气，这种毒气可以长时间阻挡敌人，拉莫克森借机逃脱。这位企业家高瞻远瞩，已制作了一艘“玛丽女王号”战舰的复制品，他称之为“方舟三号”，船上载有含草籽和猪胚胎的生物库。传言说拉莫克森还有其他的方舟，但甚至他自己都不知道那些方舟长什么样。“方舟三号”能载3 000名乘客，被形容为“世界尽头的漂浮酒店”，但它不是度假邮轮。每个人都要工作，他们的工作就是从漂浮在海面上的巨大残骸中收集任何能被打捞出来的东西，这些残骸往往是塑料垃圾和浮肿的尸体。

现在英格兰已经完全消失了。苏格兰高地和威尔士山区只剩下一小部分，但依然土匪横行。瑞士是欧洲唯一还在运作的政府。加德满都海拔仍在400米左右，是现在地球上最富裕的地方之一。到2041年，大部分的木筏群落，包括“方舟三号”上的人们都在忍受饥饿，此时洪水超过1.6千米深，美国已所剩无几。

“方舟三号”遭到海盗的鱼雷袭击后，最后一艘幸存的美国军舰打捞了它的种子库。早在她的母亲去世后，这位女性的先驱者拉莫克森已预见洪水上涨的危险，她

中国西藏，珠穆朗玛峰北面

一直用转基因藻类制造的纤维和乳液建造了许多巨大的木筏。

随着越来越多的陆地消失，人类中的绝大多数已经死亡，但在剩下的木筏上的孩子们，长大后只知道水上有生命，他们像海豹一样在水上跳来跳去。2052 年 5 月，最后一块陆地——珠穆朗玛峰的峰顶消失在水下。其中一个小说人物说，他相信地球正在经历一个全新的进化阶段，变成一个水行星，在那里，更高的全球温度将导致猛烈的风暴并掀起海洋，然后通过激发营养物质产生新的生命形式。

在大多数世界末日的洪水故事中，最后一个阶段是幸存的人类重新繁衍地球。但书里不是“方舟三号”，一艘名叫“方舟一号”的星际飞船出现了，有很多故事说它载着一些被选中的人飞离地球进入太空。

4. 绘画、雕塑和电影中的洪水

米开朗琪罗、拉斐尔、布鲁格尔、普桑、透纳、热里科、达利，这些艺术家有什么共同点？答案是，就像其他许多人一样，他们都描绘了挪亚的洪水。事实上，洪水是基督教艺术中最早出现的主题之一，早在公元3世纪，罗马地下墓穴的墙壁上就描绘了洪水。在这些古老的壁画中，方舟有时看起来像一个漂浮的小木桶，挪亚孤零零地站在木桶里，双臂向上做出恳求的姿势。后来关于洪水破坏力的描述出现了。第1次是在11世纪法国插图家斯特凡努斯·加西亚·普拉西德斯，描绘淹死的人和动物尸体的手稿里。到了中世纪，洪水已成为大教堂墙壁上常见的主题，在布尔日、韦尔斯和索尔兹伯里都有明显的例子。布尔日的一位雕塑家没有掩饰洪水带来的痛苦，而是描绘了漂浮在水面上的尸体。文艺复兴时期，洪水故事激发了许多杰作。洛伦佐·吉贝蒂在佛罗伦萨为他著名的洗礼门制作了一幅水灾后的浅浮雕，而在同一座城市里，保罗·乌切洛为《圣母玛利亚教堂》的壁画提供了一幅浮雕。

然而，洪水故事最著名的文艺复兴时期版本是米开朗琪罗为罗马西斯廷教堂天花板作的画。当棺材般的方舟静静地漂浮在背景中，前景中的罪人们正绝望地试图逃离上涨的海水，画面呈现出一种人性艺术。在附近的圣彼得教堂，拉斐尔的湿壁画上有一个长着白胡子的挪亚在监督他的三个儿子，他们看起来好像已经意识到情况的紧迫性，急于完成方舟。

德国艺术家汉斯·巴尔东则采取了更为调皮的手法，展示了一只在寻找整个世界的方舟，这只方舟就像一副上锁的棺材，里面装着一些珍贵的东西。水就像是冒泡

这是 **16** 世纪荷兰对这场洪水的诠释。科内利斯·科尔特根据马尔滕·范海姆斯凯克雕刻，**1585** 年

法国布尔日大教堂正面，对洪水的描绘

的绿色黏液，赤裸的罪人试图与之战斗，而一两个人却跃跃欲试想撬开方舟的门。安全地待在里面的鸟儿从小窗户内俯视着它们。

许多画家把洪水故事作为探索自己风格和兴趣的一种手段。16世纪，威尼斯人雅各布·巴萨诺用它来追求自己的魅力：对动物的精确描绘。他的作品《进入挪亚方舟的动物》展现了一幅充满活力的牛、马、羊、鸡

《洪水》，米开朗琪罗，西斯廷教堂，1508—1509 年

《洪水》，汉斯·巴尔东，1516 年

的场景，狗和其他家养动物在爬上斜坡进入船只之前四处乱转，这只出现在作品的一角。他第二次以动物为主题，用另一幅作品展示了它们在洪水过后回到旱地上的情景。

不久之后，佛兰芒大师扬·布劳格尔也对动物产生了兴趣。在同一洪水场景中，他还增添了更多异域动物，如狮子、老虎、鹦鹉、骆驼和大象，它们在灿烂的蓝天下登船。这是一幕色彩缤纷、相当令人振奋的景象，描绘了各种造物的荣耀，这与他赞助人的愿望一致，他是罗马天主教反宗教改革的奉献者，他希望艺术是以积极的方式获得关注，而不是通过不断沉湎于人的罪恶来吓唬崇拜者。

另一方面，17 世纪伟大的法国画家尼古拉斯·普桑最关注的是风景。在一系列的四季绘画中，他把洪水描绘成冬天的景象。方舟再次作为背景中的一个小细节出现，当闪电劈开天空中的乌云，在画中间，一些人试图乘船逃跑。一位老人紧紧抓住一块漂浮的木头，一家人试图救他们的孩子，而一条蛇在画面左侧的岩石上不祥地滑行。它将有序的构图与险恶的自然和恐惧的人戏剧性地结合起来，成为一幅极具影响力的画作，并被视为

大杨·勃鲁盖尔，《动物进入挪亚方舟》，1613 年

“恐怖崇高”的最早例证之一，是后来浪漫主义画家的灵感来源。一些观察家坚持认为，画家冷静的创作手法使作品更富有灾难性。

当然，这个题材对19世纪浪漫主义画家来说是天赐之物。特奥多雷·热里科画出了一个黑得发亮的天空，瓢泼大雨，倾覆的船只和人类绝望的为生命而战。透纳也以阴沉的天空和一艘失事的船只为画作特色，但他的前景更加拥挤，许多被戏剧性地照亮的半裸的人影正处于危险之中——或者可能已经死亡——因为全能者的可怕力量。这位伟大的英国画家还创作了两幅更为抽象的作品：《阴影与幽暗——大洪水之夜》《光线与色彩——大洪水后的早晨》。

在第一幅画中，除前景中的乌云和一些马匹外，我们几乎看不到细节，而第二幅画的中心是一束绚丽的光爆炸，这也暗示了前景中人类形态在很大程度上是次要的。

爱尔兰浪漫主义艺术家弗朗西斯·丹比描绘了一幅史诗般的场景，汹涌的水流冲刷着树干，不幸的人类和动物试图抓住曾经可能是一座山峰的东西。只有背景中的方舟，在月光的照耀下，显得毫不动摇。

另一名描绘洪水的浪漫主义艺术家名叫约翰·马丁，他是一位“非常受欢迎”的世界末日场景描绘者，他还画了《法老军兵的毁灭》以及《所多玛和蛾摩拉城的毁

特奥多雷·热里科，《洪水画面》，1818—1820 年

灭》，不管是惊涛骇浪中间的一艘小船或是被变成血红的洪水冲走的人们作为画作特点，马丁更想用一种戏剧性的旋涡状构图来表现洪水的可怕力量。拉斐尔之前对这个古老故事的理解更漂亮，更具家庭色彩。

尼古拉斯·普桑，《冬天》或《洪水》，1660 年

透纳，《阴影与幽暗——大洪水之夜》，1843 年

在作品《飞回方舟的鸽子》中，约翰·埃弗雷特·米莱斯爵士画了两个身穿长袍、赤褐色头发的年轻女子，她们是挪亚的儿媳，温柔地抚摸着那只疲惫的鸽子，鸽子已经在方舟完成了它的历史使命，并带着橄榄枝回来了。与透纳的印象派背景和前景形成鲜明对比的是，地板上的每根稻草似乎都是单独绘制的。

弗朗西斯·丹比,《洪水》,约 1840 年

约翰·马丁,《洪水》,1834 年

威廉·贝尔·斯科特,《大洪水前夕》,1865年

在《大洪水前夕》，米莱的同时代的苏格兰画家威廉·贝尔·斯科特沉思于引发洪水的堕落根源，创作了一部好莱坞无声史诗般的剧照。在一个阳光普照的露台上，几个衣衫褴褛的美女依偎在一位君王的身旁，四周都是奢华，脚下有豹子，鄙夷地俯视着建造方舟的挪亚。

现代艺术家也没有对这个主题失去兴趣。马克·夏加尔创作了一幅典型的异想天开的蓝色漩涡画，画中有挪亚、鸽子、方舟、动物和那些无法得救的可怜的人类。达利的水彩画《水栖超级陆地》(地球上的洪水)于20世纪60年代巴塞罗那遭受山洪灾害后创作。画面中央是一个巨大的黑色斑点，方舟再次被置于外围。在21世纪，

约翰·埃弗雷特·米莱斯，《飞回方舟的鸽子》，1851 年

美国摄影师戴维·拉查佩尔更新了斯科特对古代虚荣的看法，包括美丽的男女模特、恺撒宫以及时尚和快餐标识，这些都是上涨的海水的牺牲品。

艺术家们也从其他古代洪水传说中汲取灵感。16 世纪的威尼斯大师雅各布·丁托列托描绘了丢卡利翁神话故事一段戏剧性的故事情节，主人公和他的妻子祈求女神忒弥斯指引他们如何在大洪水之后重新繁衍世界。我们从他们脚下仰望着他们，因此女神雕像高耸在他们的头顶上，映衬着布满不祥乌云的天空。17 世纪的意大利巴洛克画家朱利奥·卡皮奥尼的作品描绘的是故事的前期，即人类正试图逃离不断上涨的洪水。300 年后，法裔

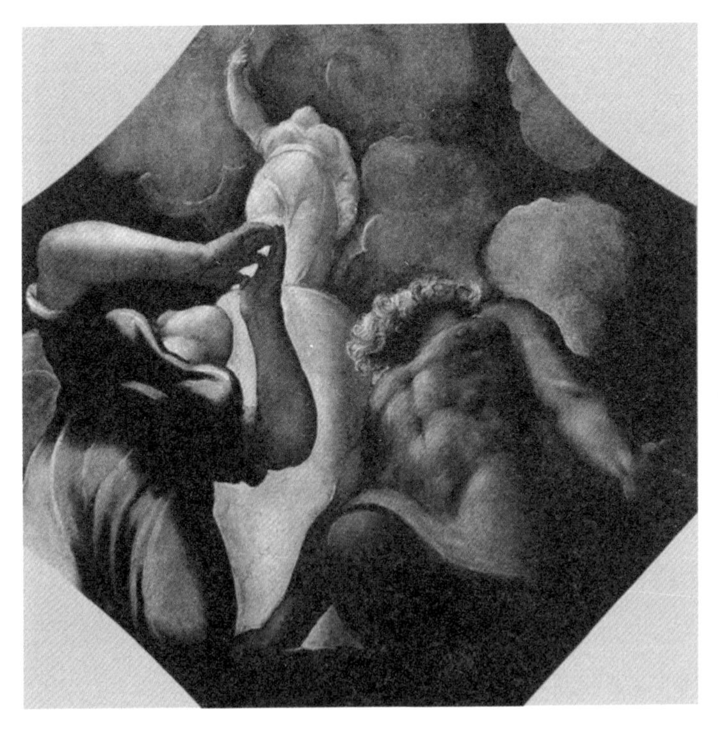

雅各布·丁托列托，《丢卡利翁和皮拉在女神忒弥斯雕像前祈祷》，约 **1542** 年

波兰画家保罗·梅华特的灵感仍然来源于这个神话，但他的创作手法更为个性化，更加浪漫化，在海浪之上丢卡利翁英勇地抱着他美丽的、不省人事的妻子，海浪不断涌动形成参差不齐的愤怒的波峰，就像山峰一样。布列塔尼人的失落的 Ys 城神话为专攻历史题材的艾瓦利斯特·吕米奈提供了理想的素材。他的《格拉德隆国王的逃亡》于 1884 年首次在巴黎展出后便取得了巨大的成功。该作品展示了国王把他放纵的女儿达胡特扔进怒吼的海浪的瞬间。

在新大陆，艺术家们也对古老的神话提出自己的看法。美国地区主义者托马斯·哈特·本顿改编了阿刻罗俄斯 * 和大力神赫丘利 ** 的故事。这是一个讲述河神的希腊神话。河神通常给生命提供灌溉，但在汛期，1947 年的堪萨斯市百货公司的壁画却呈现的是一头狂暴、破坏性的公牛形象。在图片的中心，本顿展示了动物即将被割掉角而被驯服的时刻。右边的角变成了一个聚宝盆。这幅壁画一定引起了当地人特别的共鸣，他们经常发现自己受到密苏里和堪萨斯河的控制。

美国艺术家们还借鉴了来自自己大陆的神话，当代雕塑家莱尔·E. 约翰逊根据古老的苏人 *** 传说创作了一幅

---

* 希腊神话中的河神。——译者注

** 罗马神话中叫作赫丘利，希腊神话中叫作“赫拉克勒斯”，伟大的英雄。——译者注

*** 北美的印第安人。——译者注

保罗·梅华特（1855—1902），《洪水》或《丢卡利翁高举他的妻子》

巨大的户外作品。在这个传说中，一场大洪水淹没了狩猎场，除了一位美丽的女子被一只鹰救出来，其余人都被淹死了。这只鹰把她带到海浪上方的悬崖上，在那里她生下了双胞胎，而这对双胞胎之后成了一个勇敢的新

艾瓦利斯特·吕米奈,《格拉德隆国王的逃亡》,1884 年

部落苏人的父母。当老鹰把她拾上天空的那一刻，雕塑便凝固了。

所以洪水神话为艺术家们提供了大量的素材，但是在摄像机足够轻到可以移动到洪水发生区域前，画家和绘图员还有另一项重要的工作：记录。英国的一幅木刻画描绘了人类和动物在已经涨到当地教堂屋顶的水中为生存搏斗，这幅画被用来描绘一本关于 1607 年塞文大洪水的当代小册子。在北美，许多早期的定居点都在大河旁，洪水很快便成为一种令人痛苦的熟悉的经历。1837 年，先锋风景画家阿尔文·费舍尔陷入了一种“巨大的愤怒”中，他描绘了他的家人骑马逃离被淹没的家园，而牲畜试图游泳以求安全，但这一切看起来相当平静，

1607 年塞文大洪水的当代木刻版画

几乎没有恐怖感。记录的作用很容易变成宣传的作用。1856年，当罗讷河决堤，淹没了阿维尼翁、里昂、塔拉斯科和其他城镇时，法国拿破仑三世政府派出两位艺术家威廉–阿道夫·布格罗和伊波利特·拉泽尔热来记录这一事件。当然，他们这样做是为了给皇帝一个好印象。使用高度正式的构图，两人都把拿破仑画在当代木刻画的中间。布格罗描绘拿破仑乘船抵达并与在屋顶上避难的人们交谈，而拉泽热斯则展现了拿破仑骑马到里昂的一片废墟区。

1940年，托马斯·哈特·本顿的朋友、美国地方主义家约翰·斯特尤特·库里也遇到了类似的任务，当时一系列革命已经席卷艺术领域——印象主义、表现主义、野兽派、立体主义和超现实主义，仅举几例。《生活》杂志希望库里描绘一个历史事件，即1927年密西西比河大洪水，但他的真正任务是宣传。该杂志的出版商亨利·卢斯强烈反对罗斯福总统的新政民主党人，并希望在1940年的总统选举中帮助共和党人。民主党的上一任主席是赫伯特·胡佛，他因经济大萧条而声名狼藉，并于1932年被不光彩地逐出白宫，但卢斯希望他的声誉能够恢复。作为商务部长，胡佛被派去监督1927年的救灾工作，当时他称“这是美国历史上和平时期的最大灾难”，而人们认为这位未来的总统的洪水治理工作做得很好。

库里受聘创作胡佛的历史史诗，作为“美国当代最

威廉·阿道夫·布格罗，《1856年6月拿破仑三世访问塔拉斯科洪水灾民》

重要的艺术家”记录“20世纪美国历史上的戏剧性场景”系列的一部分。当密西西比河决堤时，这位画家一直在巴黎学习，但小时候他就看到他所居住的地区被堪萨斯河的洪水摧毁，当他被《生活》委托时，他已经画出了龙卷风、风暴、干旱以及其他洪水景象。地区主义者认为，他们应该以强烈的地方感捕捉普通农村美国人日常生活的细节，同时借鉴前辈的绘画传统。因此融合了两种风格的作品《胡佛和洪水》以一种压抑的棕色呈现。画中间不是胡佛，而是一位满脸胡须的黑人老人，他正把双手举向天空，这一手势得到在驳船上的一位黑人妇女的呼应。照片中的难民主要是非裔美国人，救援人员主要是白人。在左边，汹涌的河水涌出，威胁着要从堤坝上夺走牛马，如同它摧毁电报站并横扫一路房屋一样。救援工具随处可见：水手们划过驳船，医生和护士在红十字会帐篷外给一名儿童接种疫苗，一艘汽船从远处驶来，还有一台新闻录像机记录了这一幕。在老人中间高举着手臂的赫伯特·胡佛，站在比任何人都高一点的画的右边，他穿着西装，头戴帽子，冷静地观察着现场，旁边是一名陆军军官和另一名穿西装的人。一个当代的叙述说他发出“明智、迅速、简洁的指示，使秩序从混乱中得到恢复”。

库里的朋友本顿用另一种方式把艺术变为宣传。1951年，当密西西比河和堪萨斯河一起再次泛滥，造成

17 人死亡，50 万人背井离乡时，本顿画了《洪水灾难》。这幅画的构图紧张、棱角分明，让人联想到德国表现主义者的作品，画中展示了被毁坏的房屋和痛苦的居民，以及残破的物品，如卡车和洗衣机。本顿给每一位国会议员发送了一份副本，试图说服他们投票去给予那些陷入灾难的人们额外的帮助。他失败了。

表现特大洪水的主题作品被视为不朽之作，如描绘了康涅狄格河淹没哈特福德的四面板画作是由军火制造商塞缪尔·柯尔特委托约瑟夫·洛普绘画的，同时伊利诺伊州中央信托公司委任劳伦斯·C. 厄尔绘制了 1849 年的芝加哥河洪水壁画。但是一些美国艺术家试图用更普遍的方式来捕捉洪水。当俄亥俄河在 1937 年决堤，造成 385 人死亡时，年轻的画家梅尔文·朱尔斯把它描绘成一个漩涡般的洪水，没有任何受害者，无论是人还是动物，但是死神在从树上撕下来的木块上沿着水面疾驰而过，就像世界末日中某个疯狂的冲浪者。

在欧洲，印象派画家也被洪水吸引，但令他们感兴趣的是，景象的变化如何提供一个新的视觉体验来研究光线的透射效应。通常这意味着要画出同一景色在一天不同时间段内的不同成像。1876 年春天，当塞纳河畔的马利港被洪水淹没时，阿尔弗雷德·希斯利画了 7 遍。水轻拍打在建筑物的一侧，这给他提供了碎片般的思考空间。克劳德·莫奈在位于吉维尼的家附近画了两幅溪流上涨的油画。一种是明亮的向日葵色，另一种是凉爽的薰衣草色。卡米尔·毕沙罗的命令是："画出你观察到和感受到的。毫不吝啬和毫不犹豫地作画，最好抓住你的第一印象。为了达到这个目的，印象派画家们会把画架拖到户外。"1893 年，毕沙罗本人在埃拉尼不同的灯光下描绘了同样的洪水。这些印象派绘画所产生的压倒性效果是宁静的。他们专注于洪水过后的平静；没有人或动物处于困境或危险之中，也没有迹象表明洪水的破坏力。汹涌的河水像威尼斯的潟湖一样宁静。

然而，其他 19 世纪的欧洲画家对洪水带给人类的戏

阿尔弗雷德·希斯利，《马利港洪水中的船只》，1876 年

克劳德·莫奈，《吉维尼的洪水》，1896年

剧色彩感兴趣。英国浪漫主义者埃德温·兰瑟尔爵士因他的动物画而闻名，但是1829年苏格兰发生的一场严重的洪水激发他创作出了荒凉的《高地上的洪水》。

天空阴沉且充满威胁感，在一个农场的草皮屋顶上，被羊、狗、鸡和一些家当包围的一家人因狂风吹倒树木而惊恐地蜷缩在一起。屋顶下面，大体型的动物正与上涨的水搏斗，几乎是画中一个偶然的细节。英荷画家劳伦斯·阿尔玛–塔德玛爵士在创作《1421年比斯博什河洪水》时，也受到一场真实洪水的启发。黑暗的天空下，一个孩子静静地睡在摇篮里，尽管海浪将他上下颠簸，而一只同样在船上的猫对比睡梦里的孩子的安详，它看起来焦躁不安。唯一能看到的其他物体是漂浮在前景中的水壶。传说1421年荷兰圣伊丽莎白大洪水后，一个婴儿和一只猫被发现在漂浮的摇篮里，这只猫为了防止摇篮翻到水里而左右来回跳跃。

拉斐尔前派艺术家米莱在1870年创作的《洪水》中使用了惊人相似的构图。映入眼帘的是一个静静地漂浮在摇篮里的婴儿，似乎被雨滴和树枝上的一只鸟迷住了，水虽然比阿尔玛·塔德玛的作品平静得多，但依然淹没了大部分的房屋、树木和干草堆。再一次，一只猫骑在一张婴儿床上，它似乎比睡着的婴儿更担心它们的困境，还有一个罐子漂浮在水面上，而远处有一个男子在奋力地划船。他是来救他们还是只是在漩涡中挣扎着控制他

埃德温·兰瑟爵士，《高地上的洪水》，1860年

劳伦斯 · 阿尔玛 · 塔德玛，《1421 年比斯博什的洪水》，1856 年

卡尔·弗雷德里克·基尔博，《洪水之后》，插图发布于 **1850** 年巴黎风景画商店

的小船？米莱应该是受到一起被广泛报道的溃坝事件的启发，该事件发生在 1864 年离谢菲尔德几千米远的地方，造成 270 人死亡。许多报纸报道了一个还在摇篮里的婴儿被冲出家的故事。这幅画虽然对某些现代派来说过于感伤，但在当时却获得了巨大的成功。瑞典艺术家卡尔·弗雷德里克·基尔博完全跳过人类的元素，描绘了一家狗站在漂浮的箱子上，试图逃离洪水。当一只小狗躲在母亲的身体下面时，这只母狗哭了。另一只小狗正拼命地想爬上船，而第三只小狗在波涛汹涌的海面上，离它们还有一段距离。

在其他画作中，洪水有时似乎象征着人类所面临的更广泛的苦难。美国先锋派画家亚瑟·B. 戴维斯经常探讨神话题材，他 1903 年的作品《洪水》被一些人视为人

约翰·埃弗雷特·米莱,《洪水》, 1870 年

类面对即将到来的20世纪严峻挑战的隐喻。两个裸体但匿名的女人出现在左下角的前景中，一条梦幻一般的河流在她们身后涌动，树木在风中弯曲。这幅画可能是对人类在抵抗自然灾害时一贯脆弱性的评价；或者是映照了那年在俄勒冈州赫普纳市淹死了近250人的山洪暴发的回应；又或者可能是三种情况都有。

同样地，乔恩·科比诺从20世纪30年代创作的充满活力的油画《洪水》和《洪水难民》描绘了人们试图逃离1937年俄亥俄州洪水的决心，有时该画被认为是美国对抗大萧条的象征。

当这些画被创作出来时，20世纪已经孕育出了一种全新的艺术形式——电影。最早抓住电影制作人想象力的洪水之一在1889年5月31日袭击了宾夕法尼亚州约翰斯顿市。在数月的大雨之后，当时坐落在南福克渔猎俱乐部的世界上最大的土坝倒塌了，释放出40亿加仑的水，沿着山谷冲向约翰斯顿。它摧毁了这个城镇，造成至少2 200人死亡。

这场灾难激发了1926年的史诗级无声电影《约翰斯顿洪水》的创作灵感，该片将一个爱情故事与这场灾难交织在一起，并为奥斯卡影后珍妮特·盖纳提供了第一个主要角色。更奇怪的是，该洪水也成为"美国米奇"卡通系列电影的一个片段主题。观众被告知位于华盛顿特区的气象局应该拥有世界上最先进的预报设备，但实际上一只名叫乔的老鼠传送消息的速度比预报还快。倾盆大雨的时候，乔的鸡眼和拇囊炎让它痛不欲生。电影旁白说，1889年5月30日，约翰斯顿附近的小老鼠村很平静，所有的居民都安顿下来准备睡觉，但是乔因为他的拇囊炎跳得非常厉害而无法入睡。动画片里乌云密布，闪电划过天空，随之而来的是倾盆大雨。事实上，当约翰斯顿水坝开始坍塌时，驻地工程师跳上马飞奔去警告尽可能多的人。在动画电影中，乔也这么做了，他告诉所有其他老鼠赶紧逃命，但在山谷上游，大坝隆起并破裂，许多老鼠不得不用临时搭建的容器，如浴缸或翻过来的雨伞，孤注一掷地逃跑。在这千钧一发之际，幸运的是，灾难的消息传到了美国米奇的耳里，他像超人一样飞了进来，在所有老鼠的欢呼声中，把洪水推回原处，

亚瑟·B.戴维斯，《洪水》，约1903年

把废弃的房子洗干净。最后，他把泛滥的大水堵在了大坝后面，大坝看起来像石头或混凝土，而不是泥土，但没关系。

电影类的洪水在另一种类型——灾难电影——中真正得到了体现。最早的例子之一是1933年的美国电影《大洪水》。电影一开场便是科学家们对一系列吞噬人类的灾难，发出了明白易懂的警报。其中最新的一次灾难是正向纽约市袭来的海啸。一位广播播音员刚播报完坏消息，录音室就开始摇晃，地板瞬间塌陷。摩天大楼开始崩塌，人们纷纷逃命。但有些人不幸被埋在瓦砾中。接着，一股巨浪冲击着海岸。在自由岛，海水已经上升到著名自由女神雕像的一半。一艘客轮从海上被冲刷了过来，那些曾屹立不倒的建筑物一座一座地倒塌在汹涌的海水中。随着电影的结束，只有自由女神像依然屹立不倒。可以理解的是，在现代观众看来电影里的洪水续发事件有点业余，因为建筑物明显是模型，甚至一些当代批评家对此也有点嗤之以鼻。《纽约先驱论坛报》的一位评论员写道："曼哈顿天际线的崩塌从未像它应该的那样成功地吓唬到你，但它被拍摄得很好，足以成为一个娱乐性的银幕噱头。"每个人似乎都同意，电影的其余部分都相当糟糕，《先驱论坛报》的评论家认为，灾难后生还者的苦难故事是"无力的"。

然而，洪水续发事件变得很出名，后来的电影又重新利用了它。70 年后，罗兰·艾默里奇在 2004 年拍摄的

1889 年洪水后，宾夕法尼亚州约翰斯顿市的主要街道

电影海报，《洪水》，1933 年

灾难电影《后天》大获成功，证明了洪水事件在电影里的反响。这部电影以各种奇怪的天气事件开场。当气候学家杰克·霍尔警告全世界人民注意地球生态系统的脆弱性时，德里正在下雪！与此同时，在东京，像柚子一样大的冰雹正袭击街上的路人。尽管如此，政策专家们还是不相信，美国副总统是气候变化的头号否定者，他对霍尔说，在世界经济如此脆弱的时候，抗击全球变暖的巨大代价是不可持续的。当霍尔和他争论时，副总统通过削减国家海洋和大气管理局的预算来挽回自己的损失。成群的鸟开始逃离纽约市，洛杉矶也被托尔纳飓风摧毁，而欧洲则遭受猛烈风暴的袭击，苏格兰的气温降至零下 101 摄氏度。这显然比气候变化的真实进展更令人兴奋，在灾难片中，气候变化就像是看着油漆变干。相反这部电影依赖于一个科学场景，其中涉及大量极地冰的融化，这将导致海洋温度急剧下降，并改变淡水和咸水之间的平衡。

这致命地扰乱了本该将温暖的海水从热带带到北半球的全球洋流，使得大部分地区变得对人类来说太冷了。即使是末日预言家杰克·霍尔也被这一切发生的速度吓了一跳。他以为这需要几百年，而不是几天！鸟儿离开后，纽约连续下了三天的大雨。很快街道就浸没到齐腰深的水里。突然，我们看到海水已淹没到自由女神像的胸前，但她仍然坚定地举着她的光，雷声在她身边轰然响起。不久后，一堵 6 层楼高的水墙横扫曼哈顿，冲走了沿途的一切，并拦截了试图逃跑的人。电影《后天》里没有海啸，保留的建筑物比电影《洪水》多，一些幸存者在城市的大公共图书馆避难，而一艘巨大的幽灵船正沿着第五大道航行。洪水过后紧接着是大雪，美国变成了一个寒冷地区。一个很好的转折点是，美国人开始试图非法越境进入墨西哥，富裕国家的大多数幸存公民成为第三世界国家的难民。

一些环保人士认为这部电影在引起人们对全球变暖危机的关注方面做了有益的工作，但没有多少评论家认为它是电影艺术的里程碑。《芝加哥太阳时报》评论员罗杰·埃伯特认为："是的，这部电影非常愚蠢。让我吃惊的是，它也非常可怕。撇开不说它过时的情节，电影的特效效果非常惊人。"

其他杂志就没有那么友善了。《滚石》宣称"这部世界末日爆米花电影唯一真正可怕的地方是其演技、写作和导演的巨大无能"，而《纽约客》则认为这部电影"愚

《后天》(2004年)洪水袭击了纽约市

蠢、拙劣、居高临下”，担心它可能会使人们对气候变化的警告更加抗拒。

在《后天》中，洪水是多面大灾难的一部分。在三年后发行的另一部灾难片《洪水》中，它扮演了主角的角色。这一次的背景是英国，事件很明显是1953年北海沿岸大潮的一次重演，在大浪潮中，大雨和高涨的潮汐致命地结合在了一起。灾难即将来临的第一个迹象来自苏格兰北部，约1千米高的海浪冲向威克镇，淹死了20多人。英国副首相批评了气象局的预报员，因为他们没有警告他即将发生的事情（当时首相在开另一个会）。首席预报员说天气预报并不是一门精确的科学，但他补充说，他现在确信风暴正向海上移动。但伦纳德·莫里森教授的电脑可不是这样说的，随着风暴潮提高了今年的最高潮位，它预测整个英格兰东海岸都会受到威胁，泰晤士河屏障将无法应对。莫里森完全脱离了杰克·霍尔的模子，他是一个顽固的持不同政见的科学家。当防洪堤建成时，他一直在荒野中发声，说该堤坝并不能抵御洪水。他执拗地坚持自己的观点，对他的事业造成了严重打击。

令人尴尬的是，在气象局的初步保证下，副首相在电视上告诉全国最糟糕的情况已经过去。现在气象员回来了，敲了敲他的门，告诉他风暴已经改变方向，正朝着英格兰方向返回。当政府的紧急事务委员会正苦恼该怎么做时，莫里森就像一个幽灵出现在宴会上一样，他通过视频连线被召唤出来，并发出一个令人沮丧的警告：码头区轻轨铁路、68 个地铁站、多处博物馆，甚至白厅都会处于危险之中，更不用说在这个危险区域工作和生活的 150 万人。教授说，他们只有 3 个小时的时间进行救援。副首相迅速下令大规模撤离，防洪屏障被关闭，警察不得不试图将人们从拥挤的街道解救出来，敦促所有人转移到地势较高的地方。正如莫里森预测的那样，泰晤士河的屏障已经不堪重负，皇室成员必须撤离到巴尔莫勒尔，而大都会警察局局长要求紧急服务部门集中力量拯救伦敦西南部的人们，他们最有可能存活下来，尽管这意味着要放弃城市东南部的人。随着洪水朝国会大厦涌来，我们得知有超过 20 万人失踪。

风暴终于开始减弱，但要把英国从历史上最严重的自然灾害中拯救出来已经为时已晚。英国气象局的首席预报员对自己的失误感到懊悔不已，于是自杀身亡，而副首相在电视上说，尽管伦敦以前从未见过这样的伤亡，但伦敦会挺过去。不过，莫里森仍然很担心，他说泰晤士河屏障现在必须打开，让水流出。由于所有的控制开关都在水下，不得不人工解除。这意味着教授将亲自执行这项“自杀任务”。教授死了，但成千上万的伦敦人得救了。《洪水》在评论界的表现并不比《后天》好到哪去。《卫报》的特殊评论家南希·班克斯·史密斯把它斥为“胡说八道”。

在另一部以未来几个世纪为背景的洪灾电影《水世

《洪水》里的水中伦敦（2007年）

界》中，洪水已发生在电影开始的很久之前。那是多么大的洪水啊！“几百年前”，一位名叫格雷戈的古怪发明家说：“古人做了可怕的事。”带来的结果是极地的冰盖融化，现在一点陆地的影子都看不见。在这部当时制作成本最高的电影中，由凯文·科斯特纳饰演的英雄驾驶着他的三体船四处奔波。这艘三体船有着巨大的帆，只要轻轻一按开关就可以展开。这个被称为“水手”的独行游艇手看起来像个男人，甚至像个电影明星，但他耳朵后面的鳃和蹼足已经得到进化。这部电影充满了希斯·罗宾逊式的装置，其中一个装置可以将水手的尿液变成饮用水，而他试图生存的糟糕的社会就像斯蒂芬·巴克斯特灾难小说《洪水》结尾部分所描绘的那样，是血腥且法律缺失的。当水手来到一坐“珊瑚礁岛”上一个破败不堪的“围村”，准备售卖价值连城的3.2千克的“纯土”，当地人发疯似的都想一掷千金。但水手即将离开时村民抓住了他，决定用一些难以形容的黄棕色黏液“重新利用”他。在危急时刻，载着海盗的一支小型船队出现了，他们骑上喷气式摩托艇就可以飞檐走壁，通常会把所到之处炸掉。在接下来的骚乱中，一个名叫海伦的女人从致命的液体中救出了这名水手，但条件是水手要带上她和她的养女——活泼的伊诺拉。伊诺拉的背上有一个神秘的地图文身。经过一番挣扎，他们逃到了海上。一开始，水手对海伦和伊诺拉不是很有绅士风度，有一次因为她们没有足够的饮用水，水手便把伊诺拉扔下船，但渐渐地他对她们变得温暖。与此同时，有着怪诞嗜好的海盗头目迪肯由丹尼斯·霍珀扮演，他非常渴望能抓住伊诺拉，因为他相信她背上的图腾能够指引他通往“陆地”，他已承诺要带着他的追随者们前往陆地很长时间了，而那些追随者现在几乎没有什么耐心。

海伦也想去看看“陆地”，水手说有一天他会带她去。他把她放进潜水钟里，然后他们下降到一片废墟般的摩天大楼中，但是当他们返回水面时，海盗们正在攻击三体船，他们不得不在没有潜水钟的情况下再次潜入水中。多亏了他的鳃，水手才得以“让他们两人都能呼吸”，这包括给海伦嘴对嘴的人工呼吸，最后，在海浪深处，爱的火焰被点燃了。不过，当他们从深海中浮出水面时，“水手”的三体船已是一艘冒烟的沉船，事情看起

以《水世界》中的珊瑚礁为原型的现场秀，好莱坞环球影城

来相当凄凉，直到发明者格雷戈出现在一个怪异的气球里，把他俩吊了起来。在经历了一场史诗般的杀戮后，他们成功逃脱了海盗的魔掌，击沉了一艘开始腐烂的笨重的旗舰船，此前海盗们一直开关该船在海里横行霸道。随着船的下沉，船的名字出现了："埃克森瓦尔迪兹号"。

聪明的格雷戈随后破译了伊诺拉背上的地图，然后把他们带到了另一块大陆上。这个地球上仅存的最后一隅，并不像巴克斯特的小说中那样是一座荒凉的山顶，反而是一片郁郁葱葱、绿意盎然、阳光明媚、流着淡水的土地。然而不久，水手就变得郁郁寡欢。伊诺拉试图说服他留下来，说他们都眷念陆地，但主人公的心神不宁更加严重。他已经进化成一种不再适合生活在陆地上的生物，于是他造了一条船离开了。

《水世界》也没有收获评论家们的好评。《纽约时报》的评论员认为这部电影很“粗糙”，并补充说，“它缺乏真正贯穿于科幻小说的连贯性幻想，更偏向于浮华、孤立的特技，这些特技更多地体现的是高成本而非专业知识”。

但并非所有现代电影导演都关注这种奇异的、世界末日般的洪水。2012 年上映的《不可能》是一部直截了当的人性剧，讲述了一个家庭在 2004 年 12 月 26 日的泰国考湖海滩上遭遇海啸的故事。它是根据一个真实故事改编，但是（西班牙）导演把现实生活中一对夫妻和三个儿子的西班牙家庭变成了一个英国家庭。

这些海啸场景在足球场大小的水箱里拍摄的，生动地传达了当时的危险，不仅仅是溺水，还包括被海浪冲走的垃圾场的各种碎片击打、刺穿或窒息的危险。一个家庭被拆散了，母亲和大儿子幸存下来，爸爸和另外两个男孩都被认为已经死亡。当泰国村民和医务人员与海洋做斗争时，这一家五口最终团聚了。《不可能》既在票房上取得了成功，也获得了评论界的普遍好评。不过，很少有人把它视为电影史上的一个里程碑。2013年，我们仍然在等待一部伟大的洪水电影。

5. 防御

人类有史以来建造的一些最宏伟的建筑都是起到抵御洪水的作用，但其中最早尝试的防洪方法之一却是与众不同的——活人祭祀。

当周朝皇帝在统治中国时，有个地方举行仪式，把年轻女孩扔进众所周知的给人带来麻烦的河流中，希望以此能让河水平静下来。日本人也采取了类似的做法，但有一名受害者显得非常抗拒。

根据日本古代的编年史《日本志》中记载，北河在323年决堤两处。河神托梦给皇帝，要求皇帝送两个人到河里作为祭品。第一个人掉进水里淹死了，第二个人名叫小诸能康，他把两个葫芦扔进水里，说如果神能让葫芦沉下去来证明他的神性，他会很乐意跳进河里。这似乎激怒了神。随即起了一阵旋风，但是“在波浪上跳舞的葫芦就是不肯下沉，漂浮在宽阔的水面上”。因此，小诸能康得救了，根据《日本志》的说法，洪水也消退了。

这种牺牲性的防洪方式并不局限于亚洲。类似的故事还发生在巴西和新墨西哥州。根据祖尼人*的一个传说，古代一场大洪水将他们逐出自己的村庄，他们不得不在高地上避难。但是水还是不断上涨，他们选中了祭祀的一个少年和一个使女，给他们穿上最美的衣服，然后扔进水里。洪水立刻退去。

古人还使用了我们今天更为熟悉的其他防洪方法，例如水坝——横跨河流的障碍物——至少在公元前3000年就已经建成。它们通常是用土建造的。最早的石坝之一是萨德艾尔-卡法拉水坝，它是古埃及人在2600年以前，建造于距开罗以南30千米处的阿尔加拉维干河谷。据1885年发现大坝遗迹的德国考古学家称，大坝外部覆盖着石灰岩块，而核心则填满了碎石和沙砾。大坝有10万立方米。它的设计高度近15米，横跨一个大约90米宽的山谷，但工程进行了10多年后，它被一场本应防御的洪水冲走了。

在东方，古代美索不达米亚的人们不得不面对来自底格里斯河和幼发拉底河的不断的洪水威胁。诞生吉尔伽美什神话的土地尝试了许多抗洪方法，例如通过运河排出多余的水，然后每个城镇和村庄的居民都被命令清除淤泥。但是河流仍然泛滥，所以大约在公元前2000年，在萨迈拉和巴格达之间，他们用泥土和木头建造了一道横跨底格里斯河的屏障。它以建造巴别塔的传奇国王的名字命名为“宁录大坝”而闻名。将近4000年后，19世纪的考古学家奥斯汀·亨利·莱亚德爵士讲述了自

---

* 居住在美国新墨西哥州西部的普韦布洛印第安人。——译者注

己在这条河上的情景，当时由于亚美尼亚山上的积雪融化而上涨的河水，被一道横跨河流的人工屏障搅成上千个泡沫漩涡，当他们接近这片令人生畏的大瀑布时，指引木筏的阿拉伯人“沉浸在虔诚的祈祷中，我们被暴力带着走了过去”。当他们安全渡过险境后，船夫告诉乘客们，原本平静的河流发生如此异常的变化是由“宁录建造的大坝”造成的。

这些水坝对古代社会来说是一项艰巨的任务，但后来科技进步使人类得以尝试更宏伟的工程。至少可以追溯到 14 世纪的拱坝，具有相对较薄的结构，因为其两侧的坚硬岩石能提供自然的支撑，在狭窄的峡谷中最有效

洛杉矶县西尔马市帕科伊马大坝

果。到了 20 世纪，混凝土的广泛使用使人们可以大规模建造拱坝。位于洛杉矶附近的帕科伊马拱坝高 120 米，花了 5 年时间才建成，1929 年竣工时，它是世界上最高的水坝，填补了一个横跨山谷 180 米的缺口，其蓄水量足以形成一个 5.5 千米长的湖泊。随着工程的进展，一本当代杂志宣称，下游社区如帕科伊玛和西尔玛将免遭洪水的危害，"因为这座大坝的结构将在解冻和降雨期间蓄水，并在所有危险过去后释放储水"。周围崎岖不平的山峰使建坝成为一项极其困难的建筑工程。工程师们不得不在山上建一条特殊的缆车来运送材料。混凝土在顶部搅拌，然后从溜槽滑送到下面的大坝。需要超过 20 万吨的混凝土才足够铺设 17 千米的道路。大坝的顶部厚度只有 2.5 米，逐渐扩展到厚度是 12 倍多的底部。大坝距离圣安德烈亚斯断层只有 32 千米，附近还有 6 条重要的断层，但它在 1971 年和 1994 年的强震中保留下来证明了它的坚实程度。

帕科伊马没有长期享有世界最高水坝的地位，即使在它的建造过程中，人们还计划在科罗拉多河上建造一个更高的水坝。科罗拉多河灌溉了南加州和亚利桑那州西部的沙漠农场，但有时也会淹没农场，冲走庄稼和人。1922 年，有人提出在亚利桑那州和内华达州交界处的黑峡修建一座大坝，大坝的规模足以抵挡当地有史以来最大的洪水，但直到 8 年后美国陷入大萧条，大坝才得以动工，提供了数千个受欢迎的就业机会。一个名叫博尔

1932 年内华达州博尔德市

德城的新城镇用来安置工人，而当时建造的最大的卡车用来运输工人们挖出的成吨的土。这条世界上最大的索道将数百吨混凝土和钢材从上部工作区运到大坝底部，这使得大坝从峡谷基岩处上升了 220 米，相当于一座 60 层高的摩天大楼。

96 人因长时间工作而丧生。施工场夜间布置了巨大的弧光灯，这样能够昼夜进行施工，使博尔特大坝能提前两年多完工。到 1935 年罗斯福总统大力支持这项工程时，它又创下了另一项纪录，这是人类历史上最昂贵的水利工程，尽管它在预算之内。大坝创造了世界上最大的人造湖泊之一——米德湖，它延绵 185 千米，为世界上最大的水电设施提供动力，但它的创造者们希望达到的不仅仅是实用性。英国建筑师戈登·考夫曼曾受聘

在内华达州博尔德市附近俯瞰胡佛水坝

帮助设计博尔德市的行政大楼，但不久他就被要求提出他自己对大坝风格的想法。考夫曼试图将艺术装饰风格的流畅线条融入结构中，而一位名叫艾伦·特鲁的艺术家则试图用基于美洲原住民主题的马赛克来打造发电站内部结构。入口处摆放着两尊9米高的共和国翼形雕塑，这是通过一场全国性比赛选出的。雕刻家奥斯卡·汉森说，大坝象征着“智力上的决心带来的不变冷静，以及训练有素的体力所产生的巨大力量，它同样在科学成就的和平胜利中占有一席之地”。

大坝成为一个主要的旅游景点，每年吸引100万名游客，其庞大到足以装下一条主要公路，即93号州际公路。1947年，博尔德大坝以我们的老朋友赫伯特·胡佛的名字改名为胡佛大坝，胡佛在该项目获得批准时曾担任总统。

与此同时，水坝不断扩大，在13年内，胡佛大坝取代了哥伦比亚河上的大库利大坝，成为世界上最大的水电站，它在防洪方面也发挥了重要作用。这座约167米高的巨像有一顶延伸近1.6千米的头冠。对民谣歌手伍迪·格思里来说，这简直是“有史以来人类建造的最雄伟的建筑”。

然而，在随后的几十年里，水坝将失去其英雄地位。位于加利福尼亚州詹姆斯敦附近的斯坦尼斯劳斯河上的新梅隆大坝被设计为190米高的土石填筑构造。最初的设想是保护当地社区免受洪水的侵袭，后来它又获得了额外的任务，如为灌溉、工业和发电提供水，但它的建设意味着美国西部最深的石灰岩峡谷会被淹没，同时一段著名的白水急流和一些重要的考古遗址都会随之消失。反对者对这项工程进行了10年的抗争，但工程

大库利大坝和华盛顿哥伦比亚河富兰克林·D. 罗斯福湖

依然进行，大坝于1978年竣工。这并没有意味反对的结束。当美国陆军工兵部队开始填充大坝后面巨大的人工湖时，环保人士在这片即将失去的土地上安营扎寨，随着水位上升，他们缓慢地向上移动。他们孜孜不倦地引起媒体的注意。农场、淘金热时期的梅隆小镇和美洲原住民的石雕都在消失。最坚定的一个人甚至把自己锁在正消失的峡谷里的岩石上。这一切似乎都无济于事。1982年，抗议者被击败，山谷被洪水淹没，但他们帮助改变了公共舆论的氛围，16年后的1998年，美国内政部长布鲁斯·巴比特发起了一场运动，开始拆除破坏环境的水坝。在接下来的10年里，近400座水坝将被拆毁。

中国的三峡大坝是世界上最大的水坝。正如我们所

加利福尼亚州，斯坦尼斯劳斯河上的新梅隆大坝

见，几个世纪以来，长江经常发生洪水，早在20世纪20年代，中国领导人就讨论过淹没曲塘、吴江和西陵峡，建立一个600千米长的巨大水库，这将保护数百万生活在长江附近的人，同时发电和允许远洋船只从上海驶往内陆。

堤防的起源也在时间的迷雾中消失了。几千年来，为了防止洪水泛滥，人们沿着河岸修建了这些堤防，这是人类最早的大型土木工程项目之一。其中一些最早的建筑建于公元前2500年左右，位于现在是巴基斯坦境内的哈拉帕和摩亨乔达罗周围的印度河流域，而古埃及人则沿着尼罗河从阿斯旺到地中海建造了965千米。一些历史学家认为，完成这些雄心勃勃的工程所需要的协调努力，刺激了埃及等地方的政府统一和社会组织的发展，而在中国，据说修建堤防的工程促使了一个帝国的诞生。根据中国古代文献记载，炎帝因黄河不断泛滥而担忧。后来尧任命一个叫鲧的人到处筑起堤防，试图驯服黄河。鲧坚持了9年，但没有成功。堤坝不断坍塌，洪水淹了土地。由于治水失败，鲧被监禁，有人说他被处死了。在公元前2286年，一位新部落联盟领袖舜上位时，他下令鲧的儿子禹来完成他父亲失败的任务。禹认为父亲用错了方法。据说，受到龟壳上的许多线条的启发，禹专注于疏浚现有河道和挖掘新的运河来排出洪水，而不是仅仅修建堤坝。有一次，他认为一座大山正在使黄河的河道变得危险狭窄，他甚至征召了一支工程队去开凿一

中国长江上的三峡大坝

条后来被称为“禹门口”*的峡谷。这位“工程师”接手这项工作时，结婚才4天，8年来他一直奋战大河，从未停下看望过妻子。有几次他从自己门前经过。第一次听到妻子临产的声音，第二次听到儿子的哭声，但每次禹都告诉自己，还有无数人被洪水逐出家园，他没有时间中断自己的工作。舜被他的奉献精神深深打动，坚持让禹替代他的儿子继承联盟领袖。这位“工程师”成为中国第一个世袭制王朝——夏朝的统治者，这个王朝延续了400多年。总的来说，禹还是打赢了虽然不是真正战争的黄河之战，正如我们在第二章中看到的，黄河决堤往往会造成毁灭性的后果。确实，在1955年，也就是禹

* 在今山西河津市西北与陕西韩城市东北，夹河对峙，相传为大禹所凿，故名。——译者注

的最初抗洪后的 4 000 多年后，中国政府又开始了一项为期 50 年的堤防加固工程和新防洪设施的修建项目。

相比大坝河堤可能平淡无奇，但它们往往是让人雄心勃勃的大工程。在中国，2010 年开始了一项为黄河大堤获得世界遗产地位的竞选活动，黄河大堤曾经延伸近 7 080 千米。有人说，黄河大堤比中国的长城更值得称道，因为需要更先进的技术，而且耗费的精力足以建造 13 座长城。在现代，人类也建造了规模惊人的堤坝。1718 年新奥尔良建立后不久，法国殖民者开始在密西西比河沿岸筑堤试图防止持续不断的洪水，这是新定居点的诅咒。到 1735 年，河堤大约有 90 厘米高，沿着城市两边的河岸延伸超过 65 千米。最终，它们从密苏里州的吉拉多角一直延伸到世界上最大的河网之一的密西西比三角洲，由大约 5 600 千米的堤防组成，平均高度为 7.3 米，但有时高度可达到两倍。

中国大禹，夏朝的建立者

建造防洪设施是一项艰巨的任务，但维护它们可能更困难。早在 629 年，底格里斯河和幼发拉底河双双决堤后，当地一位统治者为了从负责维护堤坝的工人那里得到更好的服务，将 40 名工人钉在十字

中国洛阳段的黄河

架上。正如我们所见，堤防维护不善是1931年黄河特大洪水的主要原因之一。不幸的是，随着黄河和密西西比河等河流携带的泥沙不断抬高河床，使河流高于防洪堤，堤防维护工作变得越来越困难。在一些地段，黄河的河床比周围的平原高出18米，而在新奥尔良，当你沿着密西西比河附近的街道散步时，你会发现河水就在你的上方，你希望它能暂时被限制在堤坝之内。事实上，这个城市三分之一的面积都在海平面以下。

在路易斯安那州，确保河堤保持完好的任务最初是分配给土地所有者的。如果他们失败了，制裁方法不是

修筑新奥尔良的堤坝，1863 年

1863 年，建造巴吞鲁日下游的密西西比河堤坝

处决而是没收他们的财产。不过，在这种情况下，私营企业失败了，密西西比河经常突破堤坝的薄弱环节，即所谓的“决口”。有一系列这样的失败，包括1816年的麦卡蒂决口，在一艘船只被凿沉以封闭缺口之前，造成了大量的死亡。最终，防洪堤交给了美国陆军工程兵团。这座城市还必须有排水渠加以保护。据说在19世纪30年代，一万名爱尔兰移民在挖掘新的盆地运河时死于黄热病。

到了19世纪中叶，质疑的声音开始高涨。毫无疑问，堤坝是伟大的工程成就，但它们真的是抵御洪水的最佳防御措施吗？在1849年另一次洪水泛滥后，一位名叫查尔斯·艾勒特的工程师认为，他们把先前分散在数千米外的洪水区的水集中在一条小河道里，导致河水涨得更高更快，更可能引发危险的洪水。政府拒绝了他的观点，并继续扩大堤防，因为越来越多的人定居在河边。继1927年密西西比河大洪水之后，国会批准了一项大规模的防御计划——修建大坝、修建更多防洪堤、加固河岸，以及修建旁路，让多余的水流入农田。1965年，飓风“贝齐”在路易斯安那州引发了一场造成58人死亡的洪水，之后又有一项巨额法案，要求在新奥尔良周围修建更多防洪堤和屏障，国会投票决定拨款8 500万美元。

尽管有些河堤可能令人印象深刻，但当人类把战斗带到水域，并开始从海洋中开垦土地时，甚至需要更宏伟的建筑。有句谚语说，“上帝创造了地球，荷兰人创造了荷兰”，荷兰成为这一领域的世界领先者。荷兰人早在1世纪就开始修建海堤，在随后的几千年里，他们从北海夺取了数百平方千米的土地。

据估计，该国四分之一的耕地是以这种方式获得的，有时是小块的沼泽、湖泊或沼泽地，有时是几百平方千米，如须德海项目。到9世纪末，大部分的海岸线已经受到保护，但是泥炭沼泽的种植导致土地下沉。1250年，为了阻挡荷兰北部的海水，125千米的西弗里斯欧姆林迪克岛不得不修建起来。确保该地区所有居民参与维护堤坝的必要性，促使该国最早的民主机构兴起——“水务委员会”——最早出现在13世纪沃尔切伦岛和朔温岛等地。至今这些机构都还存在。与此同时，堤防技术不断发展。到了14世纪，或许更早的时候，荷兰人开始用海

1965年，美国海岸警卫队西科斯基hh-52海鹰直升机在路易斯安那州德拉克洛瓦以西处的沼泽地附近的一所房子里营救了一名被飓风“贝齐”袭击的男子

藻来加固堤坝，就像几个世纪以来中国人用大捆高粱加固黄河沿岸的淤泥堤一样。荷兰人喜欢鳗鱼草，他们将它压缩成 3.5 米高、1.8 米厚的带子。然后放在土堤向海的一边，用一排排橡树和松木的横梁固定住。接着，他们用成捆的灌木丛保护了后来被称为“wierdijken”的海草坝。这些堤坝也需要经常维护，表层的鳗鱼草每两年就要更换一次。

15 世纪出现了更多的新技术，荷兰引进了该国标志性的风车，可以为开垦的土地提供动力后保持土地干燥，同时该国还修建了更大、更坚固的堤坝，如西卡佩勒。这些堤坝仍然构成了今天一些海防的基础。到目前为止，荷兰的专业知识在国际上是众所周知的，当英国的坎维岛的人在 1622 年想修建海堤时，他们请来了荷兰人。但在 17 世纪 30 年代，荷兰国内需要更多的创新，因为一

荷兰代尔夫特的水务委员会纹章

荷兰的风车

种名为“船虫”的害虫在啃食可以固定“wierdijken”堤坝上的海藻的横梁，这些横梁被啃食后像火柴棍一样轻轻就断开了。直到荷兰北部的博文卡尔斯佩尔的两位市长提出建造一种新的标准的堤坝——一种由泥土和黏土建造的斜坡结构，表面用石头覆盖。

早在17世纪，因为生活在“须德海”周围的人们经常遭受洪水的侵袭，荷兰人就一直谈论在河上筑坝，而“须德海”是一个与北海之间被弧形沙洲隔开的浅海湾。

压死骆驼的最后一根稻草出现在 1916 年，当时一场猛烈的风暴和一场高潮汐冲走了多地的海草堤坝。马肯岛上有 16 人丧生。一位名叫科尼利斯·莱利的土木工程师出身的政治家提出了一个修建 30 千米的艾瑟尔湖堰堤，该屏障称为“封闭水坝”，能将一个新的人工湖用艾瑟尔湖堰堤与北海隔开。水坝由黏土和巨石组成，表面铺着石头，修在柳树丛中，顶部有一条公路（20 世纪 70 年代拓宽为高速公路）。这座大坝耗时 5 年时间建成，1932 年投入使用。在接下来的半个世纪里，近一半的围区被重新开垦，为大约 40 万人提供了住房。在 20 世纪 30 年代修建堤坝为失业者创造了就业机会，而在第二次世界大战期间，当地男子为了避免被派去德国做强制劳动，自愿投入到开垦新的圩区的工作。在填海造地上建造的一座新城市以项目发起人的名字命名为“莱利斯塔德”。

在填海工程进行期间，荷兰遭受了 1953 年洪水的可怕冲击，40 万英亩土地被淹，1 800 人丧生。这场灾难激发了一种运势而生的防御技术，在这种技术中，生活似乎模仿了男孩用手指堵住堤坝的那个虚构故事。当一位当地市长发现荷兰南部的一个堤坝出现裂缝时，他征用了一艘谷物驳船，并让两名男子将其驶入缺口，同时数百名志愿者冒着洪水的危险，在船只旁边堆放沙袋，彻底封堵这个缺口，挽救了许多人的生命。今天一座纪念碑矗立在遗址上。

荷兰对这场灾难的另一个回应是开展一项沿海岸线

向南延伸的大规模的海防工程，由于莱茵河、玛斯河和谢尔特河的河口将该国划分为沃尔切伦和诺德贝兰等岛屿的三角洲，该工程被称为三角洲项目，采用十座水坝和两座桥梁连接河口，历时30多年才建成。也许项目中最具创新性的是一个3千米的屏障，由大型混凝土桥墩之间的60多个防洪闸组成，它被称为东斯海尔德水道，横穿了东斯海尔德河口。这样可以让水在正常情况下进出，屏障也只有在紧急情况下才关闭。这个巨大拼图的最后一块是位于荷兰胡克的马斯兰特屏障，这是一个巨大的钢制防洪闸，在这里玛斯河与北海汇合。美国土木工程师协会宣称，须德海和三角洲项目是现代世界七大奇迹之一，并评论说，“这一由水坝、防洪闸、风暴潮屏障和其他工程组成的独特、庞大和复杂的系统让荷兰得以存在”。这个国家的四分之一，包括阿姆斯特丹和鹿特丹，都位于海平面以下，如果没有这些海防设施，人口最密集的地区将被淹没。

1953年的洪水淹死了300多人，这也引发了英格兰的深刻反思。尽管有1 000人被迫离开家园，但伦敦躲过最严重的一劫，这归功于伦敦有着丰富的水下经验。最早有记录的事例之一是在1236年，当时威斯敏斯特宫被洪水淹没，律师们不得不坐船出入大会堂，在接下来的7个世纪里，这座城市遭受了数十次洪灾。其中引发了特别恐慌的事件发生在1928年，当“兰贝斯”桥和“沃克斯霍尔”桥之间的堤墙有三处断裂时，泰特美术馆的一名守

作为三角洲项目一部分的防御风暴潮屏障东斯海尔德水道，保护荷兰免受北海洪水的侵袭

夜人不得不游泳逃出洪水泛滥的走廊，沿路有 14 人溺水身亡。从 18 世纪起，人们就一直在讨论为伦敦修建防洪堤，但直到加冕年洪水过后，官方调查才建议尽快修建防洪堤。即使这样也不能解决争论。屏障应该修在哪里？它

荷兰艾瑟尔湖堰堤

的设计如何保证每周有 1 000 艘船只通过？会不会有碍观瞻？另一方面，如果最坏的情况发生，恶劣天气和高潮汐的结合可能会淹没 115 平方千米的伦敦，威胁到 100 万人的家园，当然还有白厅和威斯敏斯特。狗岛，当时仍然是码头区一个衰落的地区，但很快成了一个主要的国际商业区，洪水有可能会将其淹没至 2.5 米深。研究人员检测了 40 种不同的对策，比如一扇可以下降来封锁河流和出入口的巨大闸门，它被安装在橡胶轮上，能从河岸的干船坞里被推出来并沿着泰晤士河河床运行。

最终，一个设计方案被选中了，它是基于一排 7 个

荷兰须德海地区，约 1948—1955 年

泰晤士河闸门

桥墩——小岛通常被描述看起来像微型悉尼歌剧院——串联在一起，长达510米横跨南岸的新查尔顿和北岸的西尔弗敦之间的河流。地基工作终于在1974年开展。每个桥墩都是用覆盖着不锈钢表皮的木头建造的。它们长65米，离地基50米。每对之间都有一道门。在泰晤士河的任意一侧，最靠近河岸的大门通常修在河的上方。当它需要关闭时，它只是下降。内河船只不能通过大门。这些创新型的大门坐落在河中央的桥墩之间，被称为“上升的扇形门”。它们之间的主航道宽约60米，与塔桥的开口一样宽。每扇上升的扇形闸门都是由钢制成的，形状像一个四分之一的月亮，有一个直边，当屏障打开时，它与河床平齐，形成扇形的混凝土空间，让潮汐自然涨落。它们高逾18米，重3 000多吨。完全关闭它们大约需要一个半小时。水力机械将每个闸门旋转90° 角，

直到它们向河流呈现出一堵 5 层楼高的墙。

创新的设计意味着建设者要克服许多挑战。混凝土地基必须在北岸的一个干船坞里建造。接着施工区被洪水淹没，地基被拖离并下陷进疏浚的沟渠中。一个由竖井、隧道和楼梯组成的迷宫必须修在桥墩里，以便机械设备能够进入。为了阻止堤坝被潮汐推到上游，地基需在河床下近 15 米处被切割成原始白垩，但河床比预期的更坚硬和更深，有时对钻孔来说太难了。像这样的地质障碍拖延了这项工程将近 9 个月。接着是劳务纠纷和严重的通货膨胀，用《泰晤士报》的话说，造价从“仅仅很少暴涨到真正的巨额不菲”。最初，这道屏障的修建预估花费 1.7 亿英镑，但最后这个数字上涨到超过 4.3 亿英镑，使其成为英国有史以来造价最贵的土木工程项目之一。另外 2.5 亿英镑不得不用于加强下游的防御，以保护那些在隔离墙关闭时可能被淹没的地区。除了奥斯特–谢尔德克林以外的世界上最大的可移动屏障终于在 1982 年开放，比预期晚了两年。

截至 2011 年 11 月，泰晤士河屏障不得不关闭近 120 次来保护首都，但人们担心它可能正在打一场败仗。数千年来，随着苏格兰土地从上一次冰河时代的重压中恢复过来，英格兰东南部却一直在慢慢地浸入大海，在伦敦，这一影响因城市建筑沉入承载它们的黏土中而被放大，也因此一个多世纪以来，泰晤士河的高潮汐上涨了 60 厘米。这些因素，再加上全球海平面的上升，引发了警告：到 2075 年，这道屏障将不足以保护伦敦人和价值 800 亿英镑的建筑物和基础设施，伦敦可能需要一个新的重大防御措施。

自泰晤士河屏障开放以来的几十年里，世界各地出现了越来越多的宏大的防洪工程。在加利福尼亚、英国、

泽伯盖兰德，荷兰大部分地区位于海平面下

德国和荷兰，已经有人在实验装有电子传感器的智能堤坝，如果一段堤坝变得薄弱且有溃堤的风险时，传感器会发出警报。日本等国修建的“超级大堤”的宽度约为其高度的30倍，通常在堤坝上方有大楼和公园。

《纽约时报》的一位撰稿人指出，在许多风景如画的荷兰村庄里，“有海堤护卫，人们可以听到海浪拍打的声音，看到海鸥盘旋，闻到咸咸的空气味道，但却从来看不到大海。”阿姆斯特丹以北约50千米的洪德博思克-泽韦林堤坝旁的佩滕村就是这样一个村庄。1976年至2001年期间，当局将其海堤大小翻了一番，使其高超过12米，宽超过45米，但当地人仍然质疑它是否足够大，特别是该国三角洲委员会预测到21世纪末海平面可能会上升1.2米。由于1993年和1995年的洪水迫使超过25万人撤离，政府成立了一个调查组，以研究是否有其他更温和的方法来预防洪水。它决定斥资250亿美元改善现有的防御设施，同时在2050年前将约147平方千米土地拱手让给莱茵河和默兹河，这是一个名为“河流空间”的23亿欧元项目，这意味着许多人将不得不放弃他们在洪泛区的家园。另外还有约41平方千米土地将被指定为可以暂时流入洪水的牧场。与此同时，鹿特丹投资1亿欧元开发了遏制洪水的创新方法，例如建造“水上广场”，在正常情况下用作游乐场，但在暴雨来临时，游乐场可以用来蓄水，然后再慢慢将水排入排水系统。其他措施还包括将奥运会赛艇场扩大一倍作为储水设施，并

泰晤士河洪水中的兰贝斯梯，**1850** 年

在地下停车场放置一个 200 万加仑的水箱。该市气候变化项目经理阿诺德·莫莱纳尔说："我们一直在投资预防项目，希望把水挡在外面，但现在我们正试图找到与水共存的解决办法。继续采用传统的技术，如修筑堤坝的做法已经走到尽头，因为不可能把堤坝越修越高。"麻省理工学院的环境工程师拉斐尔·L. 布拉斯曾为威尼斯提供防洪方面的建议，他也表达了类似的想法："你永远无法控制自然。"最好的办法是了解大自然如何运作，并使它对我们有利。1993 年，中西部发生洪水后，美国联邦政府采取了一种简单的权宜之计，付钱让人们离开受洪水威胁的地区。政府购买了 2.5 万处房产，并将数千英亩土地改造成湿地。1995 年当洪水再次袭来时，湿地就像海绵一样把它们吸收了，它们的破坏力相对减弱。

在英国，环境署也开始寻找可以用作洪泛区的地区。有时他们可能会被景观美化以此容纳更多的水。例如，

泰国那空拍侬府纳坤艾的吊脚楼

1968 年伦敦东南部的路易斯沙姆发生洪水后，夸吉河被限制在一个混凝土涵洞内，但 1990 年当地居民反对扩建防御的计划。就此政府的态度变温和，解除了对夸吉河的限制，并在周围铸造了一个洪泛平原，期望这些年可以投入使用，尽管它被认为平均每过 100 年，就无法容纳河水。该机构洪水政策的负责人承认，过去的一些所谓“硬工程”的解决方案是错误的，需要采用“更自然的方法”。新理念的好处之一是它为野生动物创造了更好的栖息地，夸吉河的洪泛平原很快吸引了加拿大鹅、鸭子、黄鳝和蜻蜓。

另一种新的防洪方法是改变房屋的设计。荷兰人发明了木制住宅，地下室位于河床上，而其他两层位于地下室上。如果河水上涨，房子也会随之漂浮起来，灵活的管道将电力和供水系统连接起来。2011 年的灾难性洪水也让泰国人开始考虑漂浮房屋。受传统吊脚楼的启发，

荷兰人未来的家？房子可以漂浮和旋转以利用太阳能

一位当地建筑师开始提供具有漂浮装置的两栖住宅，这样房屋可以在必要的时候浮到水面上，而且通过一根滑动的柱子，房屋可以保持与地面的连接。这位设计师的第一个客户一位是富有的广告经理，他买了一栋面积为370平方米的住宅，由8个空心浮筒支撑，漂浮在斯瑞纳卡林大坝形成的湖面上。建筑师和他的团队随后调查了他们是否能在湄南河的帕莫村提供漂浮房屋。自1942年以来，该村几乎每年都会被洪水淹没，但从未像2011年那样严重。除房屋外，他们还提议建造漂浮的食品店和一个乡村亭子，以便在发生另一场洪水时它们可以作为分发援助物资的中心。他们还为被淹没的一个工业区的工人们制作了一个两栖社区的原型。不过，正如我们将在下一章看到的，各种防洪设施可能很快将面临有史以来最严峻的考验。

6. 失败

它是21世纪早期最著名的图画之一。一个刚在树上分娩的妇女，紧紧抓住上涨的洪水上方的树枝，然后被吊上直升机。这位名叫索菲亚·佩德罗的母亲说，2000年2月的一个星期天下午3点，她在莫桑比克的家中遭遇了“有生以来最严重的洪水”。直到水无情地向上涨时她才意识到洪水来了，她身怀六甲，唯一的希望就是那棵树。当她开始阵痛时，她已经三天没有吃东西了。突然，一架南非军用直升机出现在头顶。直升机接来一位医生，医生帮助她和她的女儿罗西莎吊上飞机后，在机上割断了脐带。与此同时，在首都马普托，数千人被迫逃离。更糟糕的是，一场热带风暴袭击了这个国家的海岸。当索菲亚和罗西莎获救时，大约有10万人从家中撤离。在洪水消退之前，已经有800人丧生，超过11万名小农场主在这场50年来最严重的洪水中失去了生计。

2007年，莫桑比克将面临另一场毁灭性的洪水，这场洪水袭击了从塞内加尔到埃塞俄比亚的非洲大陆中部的14个国家。据联合国报告，至少250人丧生，60多万人无家可归。乌干达遭遇了35年来最严重的降雨，而加纳灾害管理组织的协调员说，“一些村庄和社区完全从地图上消失了”。

莫桑比克大约有30人丧生。第二年洪水又来了。在索菲亚·佩德罗故事的一段回忆录中，一位37岁的妇女在赞比西河上的被洪水淹没的小岛上生下了三胞胎，然后不得不等待紧急救援。那一年，纳米比亚有40多人因河流水位达到创纪录水平而死亡，而有25万人所在的奥万博地区与外界切断，只能通过直升机才能到达。安哥拉、赞比亚、津巴布韦和西非的8个国家也被洪水淹没，而几内亚比绍有100人死于霍乱，这提醒人们，洪水不仅导致溺水死亡。第二年，这种使人忧郁的模式再次出现。这一次，纳米比亚人面临新的危险，因为鳄鱼和河马在洪水中游动并攻击人类。安哥拉和赞比亚以及西非12个国家再次成为受害者，多达320人丧生。2010年，贝宁遭遇近一个世纪以来最严重的洪灾，尼日尔河水位达到80年来最高点，灾民人数也差不多有320人。洪水摧毁了以前人们认为无坚不摧的地区。一位高级救援人员说：“所有的老人都一致认为他们从未见过如此可怕的洪水。”与此同时，在乌干达东部，大雨引发一系列恶性山体滑坡，造成300人死亡。一名幸存者说，他当时正在参加一个教堂的礼拜仪式，大楼突然倒塌：“泥巴覆盖了整个地方。坐在我旁边的5个人死了。我之所以活下来，是因为我的头露在泥土之上。”

不仅仅是非洲。2010 年 8 月，近 1 700 万巴基斯坦人被 80 年来最猛烈的季风降雨引发的洪水困住。联合国负责人道主义事务的副秘书长霍姆斯形容这场灾难是“近年来任何国家面临的最具挑战性的灾难之一”。洪水从该国北部山区开始，然后向南涌动。一名来自白沙瓦和伊斯兰堡之间村庄的男子说：“没有任何警告，当我把孩子们集合起来时，水已经齐腰高了。”住在白沙瓦东北部的一位村民回忆说，当洪水来临时，他们把妇女和儿童转移到高地上，但是他的三个女儿留下来帮助收拾他们能携带的行李。“几分钟内，”他说，“水流变得太强了。”当水位上升到最高点时，他的两个 16 岁和 17 岁的女儿被冲走了。三天后她们的尸体在离村子约 6 千米的地方被发现。一名在灾区上空飞行的 BBC 记者描述说，棕色的水覆盖了一切。在一些地区，人们在齐胸深的水里涉水而过，而在其他地区，水深到只能看见树梢。一名来自英国的游客在巴基斯坦北部乘坐一辆小型巴士时，在黑暗中撞上了泥石流。“大雨还在下。大石块挡住了去路。”他们先想爬过障碍物，然

2000 年，索菲亚·佩德罗在刚生完孩子后从莫桑比克洪水中获救

2010 年 8 月 4 日，美军奇努克直升机从巴基斯坦开伯尔-帕赫图赫瓦撤离民众

后又试图把它推开，“但他们周围到处都是乱石。我们一步都动不了。”洪水冲垮电线，连根拔起通信塔，冲毁了道路和 45 座大桥，摧毁了城镇和村庄，还有 100 多万户人家。此外，该国约五分之一的农作物被淹。

即使洪水退去，也没有带来多少缓解。到处都是泥巴，常常掩埋着尸体。一名住在恰尔萨达的男子抱怨说，那里没有食物和水，人们因腹泻和皮肤感染而倒下，但由于没有交通工具，人们无法离开。一位来自斯瓦特的医生说，他想帮助那些生病的人，但他没有药物，也没有任何交通工具。“我坐在一位需要医疗救助的孕妇面前，却没有路可以送她去医院。没有电，没有饮用水。什么都没用。”他担心人们感染了霍乱。

白沙瓦的另一位医生说，必需品的价格上涨了 3 倍。许多人面临贫困。伊斯兰堡西北部一村庄的居民哀叹道：“所有的东西都被冲走了——树木、房屋和我们的动物。”在他的家里，泥土有 1.2 米深。一名拥有一所房子和一家织物店的男子发现自己和他大家庭的 33 名成员住在一个被改造成临时避难所的校舍里，而附近一个有 5 000 间泥屋的阿富汗难民营刚刚被冲走。巴基斯坦全国共有 1 750 人丧生，连同大约 100 万只牲畜。洪水发生 6 个月后，17 万名幸存者仍住在救援营地，更多的人住在废墟旁边的帐篷里。大面积的土地受到污水的污染，近 200 万人仍然依赖牛津饥荒救委员会。总损失估计高达 250 亿英镑。

而在 2011 年，巴基斯坦再次遭受毁灭性的季风洪水袭击，250 人丧生，60 万户房屋被毁。据估计，另有 200 万人被预测患上了与洪水有关的疾病。在经历了前一年

2010 年，中国甘肃省舟曲，一位亲属悼念泥石流遇难者

中国甘肃省舟曲县泥石流，2010 年

的灾难后，许多被新洪水困住的人们仍在努力重建自己的生活。当总理访问信德省时，一群妇女挡住了道路，告诉他，她们没有东西可吃，她们的孩子正在挨饿。在世界的其他地方，2011 年是灾难性洪水的一年。哥伦比亚饱受泥石流和洪水的蹂躏。其总统称之为“我们记忆中最严重的自然灾害”。巴西人对在他们国家夺取了 500 人生命的洪水和泥石流，也做出了同样的形容。澳大利亚昆士兰州有四分之三的土地遭受洪水袭击。其总理宣称，“这可能是我们国家有史以来最严重的一次自然灾害”。美国、朝鲜、韩国和菲律宾，都是受灾非常严重的国家。

对被困其中的数百万人来说，这是可怕的经历，洪水是最有可能折磨人类的灾难。那么，有没有证据表明灾难性的洪水正在越来越严重？

洪水汹涌，施洛特维茨，德国，2004 年

英国的当地指标证明了这一趋势。泰晤士河防洪堤20世纪80年代仅关闭4次，90年代关闭35次，2000年至2010年关闭80多次。据再保险巨头慕尼黑再保险公司计算出2011年是全球自然灾害史上损失最惨重的一年，同年，联合国的一份报告指出，在过去的40年里，自然灾害的数量增加了5倍，而增加的大部分可能是由于“水文气象”事件，其中包括风暴和洪水。根据比利时鲁汶大学灾害流行病学研究中心的数据，在20世纪70年代早期，每年的洪水总数少于30次。从那时到20世纪90年代末，这一数字一直低于100。之后这个数字一直在100以上，2006年达到了220多次的峰值，而2009年的总数在150次左右。据亚洲开发银行称，仅2010年和2011年，就有4 000多万人因“极端天气”背井离乡，而联合国和非洲开发银行在2011年发布的一份联合报告中警告说，洪水的“频率和强度都将增加”。

不管现在和将来，人们认为洪水会造成更大的破坏的原因之一很简单，那就是世界人口增加，而且大多数人拥有更多的财产。1950年世界人口为25亿。2011年超过70亿，到2050年预计将达到93亿。但这还不是全部。近年来，在已知易发洪灾地区生活和工作的人数大幅增加。根据联合国的统计，到2007年，超过2亿人居住在沿海地区，他们面临着被强风暴和上涨的海水淹没的危险。经济发展使更多的人和财产处于危险之中的这一说法在2011年的曼谷得到了确切的证明。泰国的一些

昆士兰洪水，2011 年

位于首都北部的地势较低的中部省份易于遭受洪灾，因为这些省份为湄南河里过量河水提供了安全阀，导致 1942 年、1983 年和 1995 年都发生过严重洪水事件。曾经是为国家提供粮食的地区，在过去的几十年里，逐渐成为跨国公司的工业园区的所在地。

2011 年 8 月泰国第一位女总理，相当迷人的英拉·西那瓦上任之际，该国正经历半个世纪以来最严重的洪灾。从 3 月泰国开始下起罕见的大雨，在 7 月下旬，热带风暴洛坦在泰国北部的 16 个省引发了洪水。到 8 月底，靠近老挝边境的楠镇的洪水已经达到 45 厘米深，而南部的彭世洛省正遭遇 16 年来最严重的洪水，死亡人数已上升

2011 年 10 月 16 日，曼谷北部洪水鸟瞰图

至近 40 人。接下来的一个月，几乎所有中部地势较低省份都遭到了洪水袭击。

泰国是一个分裂严重的国家。英拉的哥哥在 5 年前的一次军事政变中被罢免，随后因腐败而流亡国外。英拉的支持者主要来自“红衫军”，这些红衫军分布在社会较贫困的阶层，而富人阶层则倾向于支持反对派的“黄衫军”。

很快英拉因抗灾中的失职行为受到猛烈的攻击，因为据称英拉抱怨是当地官员不听她的指示。在这个国家的部分地区，关于谁应该受到保护，谁被洪水淹没的问题发生了争议。曼谷附近省份的农民抱怨说，为了保护首都，他们被牺牲了，而在柴纳村，有 500 多人开始拆除一堵官员们为了限制流入邻近的素攀省的水量而修建的沙袋墙，村民们抱怨自己的房子被水淹没了。

到10月初，十几座主要水坝面临着被淹没的危险，当局被迫释放更多的水，但这增加了下游居民的危险。曼谷以北的那空沙旺府和大城府被洪水淹没，病人不得不乘船从医院转移。随着洪水南下，首都东部防洪墙外的一些地区被淹没，而在北部边界的巴吞他尼府的沙袋墙倒塌了。这些沙袋墙和其他屏障的崩塌使洪水渗入曼谷，重新唤起人们对曼谷旧绰号"亚洲威尼斯"的不安回忆。10月8日，大城府的一道保护罗哈纳工业区的9米的堤坝倒塌，导致许多制造厂包括本田的工厂被淹，工人们试图拯救新车便把车开到桥上和高地上。一队潜水员不得不进入一家能见度为零的水下橡胶厂的危险含油水域，试图打捞设备。那里的一位工程师说，从灾难中恢复过来至少需要一年，也许要两年。7个主要工业区被洪水淹没，共有约1.4万家公司受到影响，导致65万工人下岗。东芝在泰国境内的11家工厂中有10家停产，丰田、日立、佳能和尼康都受到了冲击。本田不得不停产半年。泰国生产的电脑硬盘数量约占世界的一半。一家领先的制造商西部数码的两家工厂因洪水被关闭，两工厂生产量约占其总产量的60%。

在一些地区，洪水直到2012年1月才消退。到那时，已经有800多人死亡，1 300万人被困于洪灾，而泰国77个府中的65个府都被宣布为洪灾灾区。洪灾使泰国国内生产总值（GDP）下降9%，据估计，全球工业生产减少了2.5%。世界银行估计总损失额为460亿美元，是过去30年中损失最大的6次灾难之一。洪水过后，一些外国公司完全歇业，另一些公司要求政府采取“明确行动”，泰国宣布了价值60亿英镑的措施来阻止湄南河的洪水，例如沿着支流种植树木和修建堤坝，在被洪水淹没的地区建立巨大的蓄水区，清理运河和水道。泰国工业地产管理局承诺将加固因洪水而关闭的7个工业区周围的堤坝，但泰国工程研究所主席等批评人士担心，泰国政府在没有对洪水影响进行适当的战略评估的情况下，就匆忙采取了短期措施。与此同时，由于日益富裕，人们的房屋遭受的破坏比过去任何时候都要严重。曾经，在易受洪水侵袭的地区，人们住在建在3米高支柱上的房子里。而现在，一个受灾城镇的副镇长抱怨说，“人们把车停在房子下面”，或者在曾经水能够流动而不会造成损害的空旷的地方又“多加一层楼”。

泰国发生的事情被视为是对东南亚其他城镇的一个警告。那里的城镇正在侵占曾经为抵抗洪水而提供自然保护的地区，如湿地、沙丘和红树林沼泽地。在1980年之后的30年里，印度尼西亚首都雅加达及其周边地区的人口增长了一倍多，达到2 700多万；到2020年，预计人口将进一步增加到3 500万。曾经被城市的13条河流淹没的土地被重新修建起来，而河道常常被垃圾堵塞。在2002年和2007年的大洪水后，政府提出了疏浚运河、河流和水库的计划。同样在 2007 年，经济合作与发展组织发布了一份关于沿海洪水的报告，该报告预测，到 2070 年，全球最脆弱的 10 个城市中有 8 个都在亚洲，其中加尔各答的受灾人口最多，可能有 1 400 万，其次是孟买、达卡、广州和胡志明市。曼谷排名第 7。唯一上榜的发达国家的城市是迈阿密。

洪水可能已经成为一种更大的威胁，仅仅因为更多的人口会被淹没，特别是在危险地区，但也因为一些特定的人类活动会加剧这个问题。雅加达变得日益脆弱的一个原因是，它的土地已被重型建筑压得密密实实。

随着爪哇海的上升，这意味着到 2012 年，该市 40% 的面积都低于海平面。即使是一些表面看似无害的变化也会产生严重的影响。硬化的城市表面，如道路、人行道和停车场不会吸收水。相反，水在这样的城市表面会

雅加达众多摩天大楼中的一部分

迅速流失，使洪水更有可能发生。2005年，英国伦敦议会试图阻止人们在自家花园上铺路，据他们计算，伦敦已经有超过100万个家庭这样做了。

两年后，在2007年6月和7月的创纪录的降雨之后，英国遭遇毁灭性的洪水袭击，5.5万户家庭被迫离开家园，造成的损失估计达30亿英镑以上。政府在2010年颁布了《洪水和水管理法案》，该法案要求更广泛地使用可以渗透水的可渗透地面。

追溯到1978年，在印度遭受毁灭性的季风洪灾后，人们开始怀疑另一种人类活动——砍伐森林。环保活动家桑德拉·巴胡古纳要求停止砍伐。在他的启发下，妇女们拥抱树木，试图阻止承包商砍伐树木，因为巴胡古纳宣称："每一棵树都是抵御洪水的哨兵。"

在全球范围内，类似的说法也在乌干达听到，同一年那里山体滑坡导致数百人死亡。穆塞韦尼总统批评农民剥下山坡上茂密的植被，为洪水和土地滑坡开辟了更清晰的道路。政府试图要求50万居民迁离危险地区来与此危险做斗争，但是来自乌干达生计与发展科学基金会的阿瑟·马卡拉承认，让人们搬家很困难，"因为他们对自己的土地如此依恋"。

但最令人担忧的现象是全球性变暖。尽管不是全部，但大多数科学家现在相信我们人类正在使地球变暖。联合国环境规划署和世界气象组织于1988年成立了政府间气候变化专门委员会，负责评估气候变化的科学证据并提出适当的应对措施。

该委员会由来自世界数千名专家共同完成，并于2007年获得诺贝尔和平奖。在那一年，专家组宣布，全球变暖的证据现在是“明确的”，而且大部分的变化都发生在20世纪中叶以后，这意味着很可能是由人类活动引起的。2011年，美国国家海洋和大气管理局报告说，21世纪的前11年都是自1879年有记录以来最热的几年。全球变暖、人类数量的增加和吸收水的机会的减少，这些不祥的混合物让人联想到许多灾难场景。人类古老的洪水神话最具有启发性，但它们威胁杀死许多人，使人们更加悲惨。

气候变化带来的第一个危险是令人惊讶的。洪水经常使人们争先恐后地逃到高地上避难，但据估计，现在

抗议全球变暖，赫尔辛基，芬兰

喜马拉雅山脉的伊姆扎湖

生活在世界山区的8亿人，他们也可能处于危险之中。1953年，当埃德蒙·希拉里爵士和登辛·诺盖登上珠穆朗玛峰时，这里根本没有伊姆扎湖。现在，该湖高5千米，长2.4千米，是尼泊尔1 500多个冰川湖泊中生长最快的一个，它是由气温上升后悬崖上的冰块掉落而形成的。

它的中心宽度超过550米，深达90米，每年又扩大45米。如果它冲破冰碛（冰碛是由冰川碎屑组成的天然墙），它可能会淹没95千米的房屋和田地，并把它们埋在15米厚的碎石下。为研究伊姆扎湖跋涉9天的科学家们认为，不久之后，天然大坝将会决堤，引发所谓的冰川湖溃决洪水。当冰川湖破裂时，它们可以将高达100万立方米的水以反坦克导弹的速度冲入下面的山谷。而这样的事件往往不是一次性的灾难。相反，它们年复一年地引发洪水和山体滑坡。几年前，人们对伊姆扎湖的恐惧越来越强烈，以至于来访的专家说服村民们收拾行囊搬走。然后，当什么都没有发生时，村民们又回到了家，但是当地一个环保组织的负责人认为他们仍然处于危险之中，并形容湖泊的生长是“非常可怕的”。

国际草根保护组织山地研究所召集了来自安第斯山脉的秘鲁专家，他们自1941年的帕卡科查湖灾难以来，已修建了隧道和渠道来排解30多个冰川湖的水，但他们说，在伊姆扎做任何类似的事情都是极其困难的，因为这个湖太难接近了。尼泊尔政府认为它只是18个高风险山区湖泊之一。在2007年由全球70名专家编制的《全球冰雪展望》中，联合国总结道，随着气温上升，许多冰川已经在消退，喜马拉雅山、天山和中亚帕米尔山脉以及安第斯山脉和阿尔卑斯山被列为危险地区，联合国也指出1998年和2002年的中亚冰川湖溃决洪水已造成100多人死亡。政府间气候变化专门委员会的2011年《决策摘要》认为，冰川湖溃决洪水可能会变得更加频繁。

全球变暖也可能通过另一种方式加剧洪灾——更猛烈和更广泛的风暴。政府间气候变化专门委员会在2011年冷静地宣布：“21世纪，全球许多地区的强降水频率或暴雨所占总降雨量的比例很可能会增加。”2004年3月，气象学家第一次看到一场飓风在巴西沿海徘徊，随后在圣卡塔琳娜州登陆，造成3人死亡，约1 500户房屋被毁。一位美国气象学家在2005年的一份报告中总结道，北大西洋和北太平洋西部的风暴的持续时间比1946年延长了60%，威力也增长了50%，尽管其中的一些影响力的增长是由于报告方式的改变。同年8月，美国国土安全部长迈克尔·切尔托夫称“可能是我所知的美国历史上最严重的灾难或一系列灾难”袭击了美国，卡特里娜飓风对密西西比州和路易斯安那州，尤其是新奥尔良市造成了巨大的破坏。当飓风在8月29日到达时，这座城市没有受到直接的攻击，但是任何关于这座城市幸免于难的想法都被洪水的侵袭给驱散了。大雨加上风暴潮突破新奥尔良50多道防线，冲开了几百米长的缺口。

市长下令疏散，这是美国历史上规模最大的一次，但成千上万的人决定留下来。在24小时内，新奥尔良大约80%的地区被淹没在水下，被困人员不得不被直升机从屋顶上救出。到处都是抢劫。国民警卫队被招来并宣布戒严。一些留下来的人在会议中心或路易斯安那州的超级穹顶避难。据一位记者描述，这个体育场“像一个集中营”。食物和水都很短缺。厕所人满为患，气温飙升到32摄氏度，还有枪击和性侵犯的恶性事件，尽管后来有人质疑暴力事件是否被夸大了。城市的一些地方被淹

天山山脉

没到 7.5 米深的水下，切尔托夫描述说他看到“被压碎的像火柴棍一样的房子”，遇到了“看到他们整个生命在眼前蒸发的人”。大部分新奥尔良市“被泡在了水里，好像只是一套被抛来抛去的儿童玩具。这场灾难，对生命的损害，对整个城市基础设施的破坏是惊人的”。路易莎那的一位参议员乘直升机飞过事故现场，将其比作是如同印度尼西亚 12 月 26 日海啸的余波。

总共有 100 多万人撤离家园，其中四分之一前往得克萨斯州。许多人最后来到休斯敦的阿斯托洛穹顶体育馆，在那里他们不得不睡在行军床上，周围是他们藏在洗衣袋里的仅存的几件物品。超过 1 800 人丧生，其中

新奥尔良卡特里娜飓风造成的损失

绝大多数在路易斯安那州。在新奥尔良，尸体必须绑在灯柱上以防止它们漂走，而在一家被洪水淹没的医院里发现了40具尸体。前总统比尔·克林顿是众多抱怨政府应对不力的人之一，他说黑人和穷人在灾难中首当其冲。一名警官在谈到当局时说："他们没有为此做任何准备。他们只是孤注一掷，抱着最好的希望。"联邦紧急事务管理局局长辞职了，乔治·W. 布什总统不得不为"各级政府的应对能力存在严重问题"而道歉。

这场灾难重挫了美国的自尊心。卡特里娜飓风袭击后，美国陆军工程人员花了40多天才把最后一点水抽出来，一年后，这座城市仍然散发着洪水留下的污秽的恶臭。大多数人还没有回来，一位社工说："我们在美国的一座城市，那里只有绵延数千米的废墟。"即使卡特里

2013 年 1 月 17 日印度尼西亚南雅加达，默拉尤甘榜河大暴雨后的洪水

娜飓风过后5年，据统计该市10万名原居民还是没有回来。房屋空置，其中一些房屋处于倒塌状态，患有慢性健康问题的人数上升了45%。灾难发生后，数千人被安置在通风不良的拖车里，霉菌孢子在仍然可以居住但没有电的房屋里发芽。不出所料，肺部和皮肤问题也会有突飞猛进的发展。许多人失业数月，无家可归多年。患有精神健康问题的比例增加了两倍，自杀率增加了一倍。

卡特里娜飓风最终可能成为美国损失最严重的自然灾害，从某种程度上来说，是人类历史上损失第三大的自然灾害，其代价超过800亿美元。这似乎表明，即使是世界上最强大的国家也无力应对这些新的危险。

就在卡特里娜飓风过后的几个星期后，危地马拉也同样强烈地印证了洪水带来的危险越来越大。更猛烈的热带风暴斯坦在数十个村庄引发了可怕的泥石流，造成大约2 000人死亡。一位学校被毁的老师感叹道："无话可说。我只剩下眼泪了。"而来自无国界医生协会的弗朗西斯科·迪亚兹则提醒那些在环境变得更加恶劣的情况下遭受最大痛苦的活在这个世界上的人们："最贫穷的村庄也是最脆弱的，因为他们没有那么完善的设备。"

全球变暖最为人所知的危害是它导致海平面上升，这主要是由于海水变暖后会膨胀。政府间气候变化专门委员会计算出，在20世纪，海洋上升了13—23厘米，但是从1993年到2003年，上升速度加快了大约一半。在接下来的一个世纪里，专家小组预测海洋将进一步上升到 43 厘米，尽管专家小组承认这个数值可能被低估了。

在世界许多地方，人们抱怨他们已经目睹海平面上升的影响。马普托的一位居民遗憾地说："水正在吞噬土地。"这一变化可能会使一些小岛无法居住。事实上，早在 1992 年，马尔代夫总统穆蒙·阿卜杜勒·加尧姆就曾在联合国地球峰会上发表讲话：

> "我作为一个濒危民族的代表站在你们面前。我们被告知，由于全球变暖和海平面上升，我国马尔代夫可能在 21 世纪的某个时候从地球上消失。"

总统知道他在说什么。1987 年，海啸淹没了这些岛屿，造成了数百万英镑的损失，而 2004 年 12 月 26 日的

马尔代夫的一个岛屿

1950 年，阿拉斯加，蒂格瓦利亚克岛，北极的冰盖融化

海啸再次淹没了大部分岛屿。但政府间气候变化专门委员会报告的主要编辑之一，斯坦福大学的克里斯·菲尔德教授提醒人们，全球变暖不仅仅是对低洼岛屿的威胁："几乎所有地方都面临灾害风险。"即使在温带的英国，2012 年的一份政府报告推断，气候变化将大大增加洪灾的危险，并指出到 2050 年，面临危险的人数可能翻一番多，达到 360 万人。但是海平面的上升不仅是因为水在变暖时膨胀，北极和南极的冰的融化也加剧了这一影响。至少自 20 世纪 60 年代以来，北冰洋的冰层一直在逐步减少。到 2005 年，它的面积已经下降到 40 年前水平的一半，2012 年，它覆盖的面积是现代记录方法开始使用以来最小的。而且，这不仅仅是体积的问题，海洋温度的上升也会导致洋流发生危险的变化，使这种影响在某些地方比其他地方更严重。根据 2012 年美国地质调查局

对北卡罗来纳州到马萨诸塞州计 965 千米范围内的调查，海平面上升的速度自 1990 年以来远高于世界其他地区平均 5 厘米的速度。纽约市增加了 7.1 厘米，费城增加了 9.4 厘米，弗吉尼亚州的诺福克增加了 12.2 厘米。该报告的主要作者，小阿斯伯里·萨伦格说，这就像一辆汽车“被踩住了油门”，他还补充说，到 2100 年，美国东海岸的水位可能会再上升 28 厘米。在美国的另一边，美国国家研究委员会 2012 年的一份报告估计，到 2100 年，俄勒冈州和华盛顿州的海平面可能会上升 60 厘米，而加州洪水可能会上升约 1 米。这些变化可以使风暴雨带来的洪水更具破坏性，即使风暴的威力没有增加。

2005 年 1 月 9 日，节礼日海啸发生近两周后，印度尼西亚苏门答腊省班达亚齐市的荒废景象

正是这种计算方法说服了纽约州能源研究与发展公司于2011年发布了一份关于该市易受洪水侵袭的报告。纽约的5个行政区中有4个是岛屿，这座大都市有长达近965千米的海岸线，而大多数地铁和隧道入口仅略高于海平面。报告的结论是，随着海平面上升，就像2011年的飓风“艾琳”给新英格兰带来了猛烈的暴雨，并摧毁了佛蒙特州和纽约州的桥梁，淹没三分之一的城市和许多通往曼哈顿的地铁系统和隧道。第二年，当宽达1 450千米的大西洋有史以来最大的超级风暴“桑迪”以创纪录的4米的潮汐撞击美国纽约城，并在美国东部沿海岸造成破坏时，这份报告得到了现实的检验。纽约地铁系统因东河下的7条隧道以及许多车站被淹而关闭，除一条通往曼哈顿的公路隧道外，其他所有隧道都被淹没在水下。由于桥梁也被关闭，该岛实际上被切断了。发电站被摧毁，450万美国人无法用电，国民警卫队出动运送紧急食品。布隆伯格市长下令将37.5万人从纽约市疏散，但仍有许多人留在原地守护家园。其中一些人包含在纽约州死亡的37人中。新泽西州也遭受严重破坏。整个东海岸的死亡人数超过80人。

不是每个人都相信气候变化。对参加2010年11月美国参议院中期选举的48名共和党候选人的观点分析显示，除一人外，其他人都否认气候变暖，或者是反对任何打击气候变暖的行动，而正在竞选总统提名的里克·桑托勒姆在电视上宣称：“没有全球变暖这样的事

伦敦卡姆登，班克斯的涂鸦

情。”一些政客可能会怀疑，但艺术家们的想象力却来源于被气候变化可能给我们星球带来的洪水的图像。我们已经看到了像麦琪·吉和斯蒂芬·巴克斯特这样的小说家以及像《水世界》等电影是如何勾勒出一个阴暗的未来的幻象。在 2009 年联合国哥本哈根会议未能设定限制气候变化的具有法律约束力的目标之后，英国涂鸦艺术家班克斯将桑托勒姆的那句话“我不相信全球变暖”，画在伦敦运河上方的墙上，使字母看起来消失在水下。也许最令人不安的图像是照片，即使在 Photoshop 时代，照片也暗示了相机会对你说谎？

同年，班克斯的这则消息被两位插画家罗伯特·格雷夫斯和迪迪埃·马多克·琼斯画了出来，他们制作了

2012 年，超级风暴桑迪引发马萨诸塞州的马布尔黑德镇的洪水

一系列想象中的风景画，展示了全球变暖对伦敦的影响，标题为《来自未来的明信片》，并在令人尊敬的首都历史知识库——伦敦博物馆——展出。其中一幅《伦敦看作是威尼斯》将水位上升 6 米的影像可视化。在前景中，太阳照耀着威斯敏斯特大教堂和议会大厦，但现在岛屿在一个湖泊中。画看起来很平静，但这是因为，艺术家的标题告诉我们，不像意大利的标志性城市，伦敦现在不适合居住。美国艺术家卢卡斯也曾制作过类似的纽约图片，但图片里纽约市陷入更为严重的洪水中。

这场灾难远远超出了纽约州能源研发公司所设想的任何场景。现在，只有最高的建筑物的顶部露在茫茫大海之上。场景平静得像希思莱或毕沙罗的画，但实际更险恶。洪水征服了这座大都市，让它沉默不语。

后记

2012年7月，我在伦敦开始撰写上一章的那一天，英国拉响了106个洪水警报，环境署通知有500万个家庭处于危险之中。我们刚刚经历了有史以来最潮湿的6月，在此之前经历了有史以来最潮湿的4月。前几天，英格兰西南部、达勒姆、德比郡和唐郡都发生了严重的洪灾，兰开夏郡和赫里福德郡的居民纷纷撤离家园。上个月的洪水袭击了包括兰开夏郡、约克郡、什罗普郡、塞尔迪吉翁和苏塞克斯在内的全国许多地区，一些地方仍未从洪水中恢复过来，连接伦敦和北部的两条主要铁路线都被封锁。在更远的地方，印度有230多人在季风雨洪水中丧生，有些人称这是60多年来最严重的洪水，在孟加拉国，至少有100人死亡。在俄罗斯南部，一夜之间降雨多达28厘米，170多人被暴洪淹没。在日本，暴雨造成20多人死亡，25万人撤离。在朝鲜，台风和降雨造成的死亡人数为88人。

所有这些不幸是否只是进一步证实，洪水一直是最有可能折磨人类的灾难？我们对于所面临的危险已经有一个阶段性变化的印象，难道只是一种错觉吗？这种印象是源于我们都不得不过分强调当下的独特性的倾向，还是源于时间的距离带来的魅力，让我们想起年轻时所有的夏天都是阳光明媚的？我们看到的只是气候的正常起伏吗？或者，这么多科学家的计算是对的：人类现在是否面临着一场与我们从未见过的洪水的斗争？